KB073030

가장 작은 것부터
가장 먼 곳까지

가장 작은 것부터
가장 먼 곳까지

현대과학 이야기

송은영 지음

살림

책머리에

과학에서 '고전'과 '현대'를 가르는 분기점은 1900년이다. 20세기 이전의 과학은 고전과학, 20세기 이후의 과학은 현대과학으로 구분한다.

현대과학의 포문은 두 이론이 열었다. 하나는 상대성이론이고, 또 하나는 양자론이다. 두 이론은 현대과학의 포문을 여는 것에 그치지 않고 현대과학을 발전시킨 양대 산맥으로 우뚝 올라섰다. 상대성이론은 거시 세계의 상징인 우주의 신비를 푸는 데 크나큰 기여를 했고, 양자론은 원자보다 작은 세상인 미시 세계의 신비를 푸는 데 결정적인 기여를 했다. 빛과 시공간을 파헤치는 일은 상대성이론이 있어서 가능했고, 원자력 에너지와 원자폭탄 제조는 양자론이 있어서 가능했다. 상대성이론과 양자론을 빼놓고 현대과학을 논할 수가 없는 것이다.

이 책을 현대과학의 양대 산맥인 상대성이론과 양자론에 중심을 두고 써내려 간 것은 이러한 이유에서다.

제1장에서는 상대성이론에 대해 이야기한다. 아인슈타인의 사고실험이 특수상대성이론과 일반상대성이론을 어떻게 탄생시키고 어떻게 검증했는지 소개한다.

제2장에서는 양자론에 대해 이야기한다. 상대성이론은 아인슈타인 혼자의 작품이지만, 양자론은 걸출한 여러 학자들의 노력의 결과물이다. 플랑크와 에너지양자, 아인슈타인과 광양자, 보어와 전자 궤도, 하이젠베르크와 행렬역학, 드브로이와 물질파, 슈뢰딩거와 파동방정식을 이야기하며 양자론이 걸어온 역사를 서술한다.

제3장에서는 원자력에 대해 이야기한다. 원자력이 세상에 모습을 드러내기까지의 역사를 저속 중성자, 우라늄 원자핵 분열, 시카고 실험이라는 흐름으로 서술한다.

제4장에서는 원자폭탄에 대해 이야기한다. 제2차 세계대전 중에 미국이 추진한 원자폭탄 제조 계획을 '맨해튼 프로젝트'라고 한다. 맨해튼 프로젝트는 20세기 현대과학사에서 당시까지 가장 많은 돈과 인력이 동원된 것이었다. 맨해튼 프로젝트가 어떻게 추진되었고, 원자폭탄을 어떻게 만들어 일본에 투하했는지 살핀다.

제5장에서는 천체물리학에 대해 이야기한다. 20세기 천체물리학은 어떻게 탄생했는지 알아보고, '별의 종말'과 중성자별과 블랙홀을 들여다본다.

마지막 제6장에서는 물리학을 떠나 인공 비료와 페니실린을 살펴본다. 현대과학의 양대 산맥인 상대성이론과 양자론도 인간이 있기에 가능했고 의미 있는 것이다. 그래서 인간을 배고픔에서 해방하고 평균 수명을 늘이는 데 크나큰 기여를 한 인공 비료와 페니실린 이야기를 마지막 장으로 삼았다.

청소년 여러분, 즐겁고 행복한 현대과학사 여행을 하길 바랍니다.

2022년 여름

일산에서 송은영

/ 차례 /

제1장

상대성이론

현대물리학의 두 기둥은 상대성이론과 양자론이다. 이 두 이론의 바탕에는 '빛'이 자리하고 있다. 우선 상대성이론부터 살펴본다.

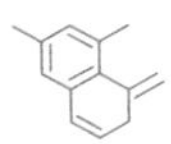

알베르트 아인슈타인
(Albert Einstein, 1879~1955)

1. 아인슈타인의 등장

독일에서 이탈리아로

상대성이론은 특수상대성이론과 일반상대성이론으로 구분한다. 이 두 이론의 나눔은 등속과 가속의 차이다. 등속으로 운동하는 상황에서 벌어지는 현상과 결과를 다루는 이론이 특수상대성이론이고, 가속도를 갖고 운동하는 환경에서 나타나는 현상과 결과를 다루는 이론이 일반상대성이론이다.

특수상대성이론의 탄생은 아인슈타인(Albert Einstein, 1879~1955)이 열여섯 살 무렵에 한 다음과 같은 상상에서 비롯한다.

달아나는 자동차를 뒤쫓아 가면 자동차가 느려 보인다. 뒤쫓는 속도가 자동차의 속도와 같으면 자동차가 정지해 있는 것으로 보일 것이다. 만약 빛의 속도로 빛을 쫓아가면 어떻게 될까?

나는 빛을 따라간다.
따라가는 속도를 점점 높이면
빛은 느려 보일까 빨라 보일까?
광속에 이르렀을 때 빛은 어떻게 보일까?

손거울을 들고 빛을 따라간다.
광속에 다다른 순간 손거울을 본다.
내 얼굴이 어떻게 나타날까?

이러한 상상을 할 시기의 아인슈타인은 고등학교 자퇴 상태였고 무국적자나 다름없는 신분이었다.

아인슈타인은 1879년 독일의 소도시 울름(Ulm)에서 태어났다. 부모는 유대인이었고, 뮌헨의 김나지움(Gymnasium, 독일식 고등학교)에서 교육을 받았다. 김나지움은 군대식의 엄격한 주입식 교육을 했고 아인슈타인은 이를 받아들이지 못했다. 훗날 아인슈타인은 김나지움 생활을 이렇게 회상했다.

김나지움이 몸서리쳐질 만큼 싫었다. 선생님들은 하사관이나 장교 같았고 학생들을 군인처럼 다루었다.

김나지움의 선생들도 아인슈타인을 마뜩치 않게 보기는 마찬가지였다.

기본이 안 된 학생이다. 독일제국을 위해 아무런 기여도 하지 못할 쓸모없는 인간이 될 것이다.

아인슈타인은 자의반타의반 김나지움을 자퇴하고 알프스를 넘어 이탈리아의 밀라노로 갔다. 그곳은 아인슈타인의 부모가 독일의 뮌헨에서 하던 사업을 접고 새 사업을 시작한 곳이었다.

이탈리아로 건너온 아인슈타인은 독일 국적을 포기하기로 했다. 무국적 상태나 마찬가지에다가 고등학교 자퇴 상태였지만 김나지움을 다닐 때보다 마음이 편했다. 아인슈타인은 이렇게 술회했다.

공포와 권력과 조작된 권위로 운영되는 학교 교육만큼 어리석은 건 없다. 그러한 교육은 건강한 감성과 창의성과 자신감을 일거에 앗아가 버린다.

아인슈타인은 알프스를 자유로이 거닐며 상상의 나래를 마음껏 펼쳤다. 특수상대성이론의 기반이 된 열여섯 살의 상상이 나올 수 있었던 배경엔 엄격한 주입식 교육을 떠나 자신만의 자유로운 상상을 맘껏 펼칠 수 있는 이런 환경이 있었다.

스위스 취리히 연방공과대학

아인슈타인은 새로운 국적도 얻고 학교에도 들어가야 했다. 중립국인 스위스와 스위스 취리히 연방공과대학은 그러한 아인슈타인에게 더없는 안성맞춤의 국가와 교육기관이었다.

아인슈타인은 취리히 연방공과대학에 지원했으나 낙방했다. 수학과 과학 성적은 우수했으나 문학, 프랑스어, 정치학 같은 성적이 좋지 않아서였다. 그러나 다행히도 조건부 낙방이었다. 남다른 수학, 과학 성적과 이탈리아에 건너와서 쓴 논문 "자기장에서 에테르의 상태 연구(On the Investigation of the State of the Aether in a Magnetic Field)", 그리고 함께 입시를 치른 일반 학생들보다 두 살이나 어리다는 것이 조건부 결정의 주된 이유였다.

취리히 연방공과대학 학장은 아인슈타인에게 학교 가까운 아라우 주립고등학교에서 1년간 공부하고 돌아오면 입학시켜 주겠다 했고, 아인슈타인은 이를 따라 다음 해에 취리히 연방공과대학에 무사히 합격했다.

1896년 10월, 열일곱 나이로 합격한 취리히 연방공과대학은 아인슈타인에게 기쁨과 고통을 함께 주었다. 기쁨은 훗날 아내가 되는 밀레바(Mileve Marici, 1875~1948) 같은 좋은 친구들을 사귀었고, 민코프스키(Hermann Minkowski, 1864~1909) 같은 교수의 강의를 들으며 자유로운 상상을 맘껏 할 수 있었다는 것이다. 고통은 지도교수인 베버(Heinrich Friedrich Weber, 1843~1912)와 사이가 몹시 안 좋았다는 것이다. 훗날 아인슈타인은 이렇게 회상했다.

> 나와 베버 교수는 그야말로 끔찍한 사이였다. 그는 내가 취리히 연방공과대학의 조교로 남는 것을 철저히 방해했다. 그렇게만 하지 않았어도 나는 학자로서 안정적인 길을 일찍 찾을 수 있었을 것이다. 베버 교수와의 악연만 빼놓는다면 취리히 연방공과대학의 기억은 더없이 좋다. 훌륭한 교수님들로부터 충실한 교육을 받으며 많은 시간을 물리학 공부를 하며 매혹적으로 보냈다.

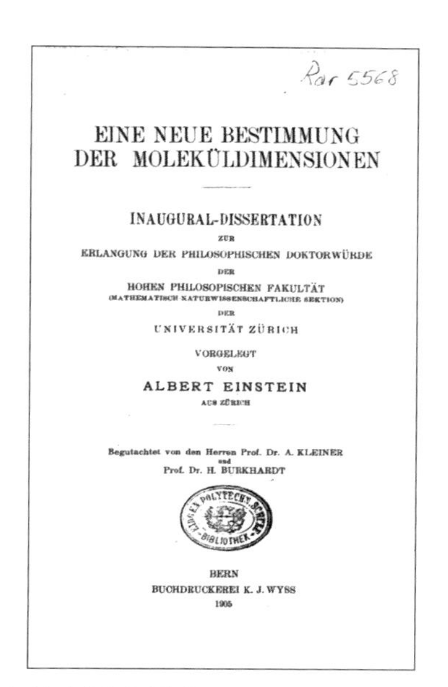

EINE NEUE BESTIMMUNG
DER MOLEKÜLDIMENSIONEN

INAUGURAL-DISSERTATION
ZUR
ERLANGUNG DER PHILOSOPHISCHEN DOKTORWÜRDE
DER
HOHEN PHILOSOPISCHEN FAKULTÄT
(MATHEMATISCH-NATURWISSENSCHAFTLICHE SEKTION)
DER
UNIVERSITÄT ZÜRICH

VORGELEGT
VON
ALBERT EINSTEIN
AUS ZÜRICH

Begutachtet von den Herren Prof. Dr. A. KLEINER
und
Prof. Dr. H. BURKHARDT

BERN
BUCHDRUCKEREI K. J. WYSS
1905

아인슈타인의 박사학위 논문 “분자 차원의 새로운 결정”

1900년 여름 아인슈타인은 취리히 연방공과대학을 졸업했다.

고난 속에 싹튼 희망

취리히 연방공과대학을 졸업한 아인슈타인에게 바로 다가온 것은 경제적 어려움이었다. 이는 아인슈타인이 모교의 조교 자리를 얻는 데 실패했을 때부터 충분히 예측 가능한 일이었다.

아인슈타인은 수학 가정교사를 하며 생활비를 벌었다. 그러나 이마저도 규칙적이지 않아서 생활은 갈수록 궁핍해졌다.

아인슈타인은 가정교사를 하는 틈틈이 여러 대학의 유명 교수에게 편지를 보내 조교 자리를 구해 보곤 했으나 좋은 결과는 없었다.

아들의 이런 안타까운 모습을 지켜보던 아인슈타인의 아버지가 한번은 교수에게 직접 편지를 쓰기도 했다.

고명하신 교수님께,

자식을 위해 이렇게 편지를 쓰는 아비를 용서해 주시기 바랍니다. 제 자식은 스물두 살로 취리히 연방공과대학에서 4년 동안 공부하고 작년 여름에 우수한 성적으로 졸업을 했습니다. 물리학 공부를 계속하기 위해 조교 자리를 얻으려 애를 썼지만 뜻을 이루지 못했습니다. 제 자식의 재능을 알아볼 수 있는 위치에 계신 분들께 제 아들은 과학적 열정이 남다르며 물리학에 열정이 깊다는 점을 말씀드립니다. 이런 제 자식이 직장을 얻지 못해 불행한 나날을 보내고 있습니다. 인생의 실패자가 되는 건 아닐까 하는 생각을 하게 될까 참으로 걱정입니다. 자신의 처지가 부모에게 부담이 되진 않을까 하는 걱정까지 하는 듯 보입니다.
유능한 물리학 교수님께서 제 아들의 논문을 읽어 봐 주시도록 도와주신다면 감사하겠습니다. 제 자식에게 격려의 편지를 보내 주셔서 용기를 얻을 수 있도록 도와주시기를 정중히 부탁드립니다. 조교 자리를 얻을 수만 있다면 더없이 감사할 것입니다.
이런 무례한 편지를 드리는 걸 너그럽게 보아 주시길 바랍니다. 제 자식은 제가 이런 편지를 교수님께 보내는 걸 알지 못합니다. 제가 교수님께 무한한 감사 인사를 드릴 수 있는 기회를 얻길 바라며 이만 줄입니다.

아인슈타인의 아버지가 편지를 보낸 교수는 용액이론으로 1909년 노벨 화학상을 수상한 빌헬름 오스트발트(Friedrich Wilhelm Ostwald, 1853~1932)였다. 오스트발트는 그보다 앞서 아인슈타인이 보낸 편지에는 답장을 하지 않았다. 이번은 어땠을까? 역시 답장을 하지 않았다. 여기까지만 놓고 보면 오스트발트가 과학적 재능을 알아보는 능력이 시원치 않다고 볼 수도 있겠지만, 몇 년 후의 일을 놓고 보면 꼭 그런 것 같진 않다. 오스트발트는 아인슈타인을 노벨상 수상자로 추천한 최초의 인물이다. 오스트발트는 아인슈타인을 1910년과 1912년, 그리고 1913년에 연이어 노벨상 후보로 추천했다. 아인슈타인은 1921년에 노벨 물리학상을 수상했다. 특수상대성이론이 아닌 양자론에 기여한 공로였다.

1901년 아인슈타인은 무국적자 신세에서 벗어났다. 그해 2월 스위스 시민권이 나왔다. 아인슈타인은 스물두 살 생일을 하루 앞둔 날 징병 신체검사를 받았다. 신체 건강한 스위스 성인 남성은 병역의 의무를 져야 했기 때문이다. 신체검사표에는 그날의 검사 수치가 이렇게 쓰여 있다.

키 171.4cm

가슴둘레 87.6cm

평발, 정맥류. 발에 땀이 많음.

아인슈타인은 이 '평발, 정맥류' 덕분에 징집 면제 판정을 받았다.

인생사 오르막이 있으면 내리막이 있고, 내리막이 있으면 오르막이 있는 법이다. 아인슈타인도 내리막에서 벗어날 수 있는 희망이 나타나기 시작했다. 한 통의 편지가 왔다. 취리히 연방공과대학 동기 동창 마르

셀 그로스만(Marcel Grossmann, 1878~1936)이 보낸 것이었다.

졸업 후 자네가 힘든 나날을 보내고 있다는 소식을 전해 들어 알고 있네. 아버지 친구가 스위스 베른의 특허사무소 소장으로 근무하고 있네. 그분은 아버지와 막역한 사이라네. 베른의 특허사무소에 자리가 났다고 해서 아버지께 자네를 추천했네. 좋은 소식이 들리길 고대하고 있겠네.

아인슈타인은 바로 답장을 썼다.

마르셀 자네의 호의에 깊이 감동했고 진심으로 감사하네. 자네가 추천한 일자리를 내가 얻을 수 있길 간곡히 기대하고 있겠네.

특허사무소의 일자리는 바로 주어지지 않았다. 그러나 행운은 아인슈타인에게 차츰차츰 다가오고 있었다.

2. 특수상대성이론의 탄생

다가온 행운

그즈음 아인슈타인에게 다가온 첫 번째 행운은 수학 대리교사 자리였다. 스위스 북부에 위치한 공업학교에서 1901년 5월에서 7월까지 임시로 수학을 가르치는 일이었다. 이 학교의 한 교사가 병역 의무를 이행

하는 동안 한시적으로 빈자리를 채우는 것이었다.

아인슈타인은 이 학교에 이런 자리가 난다는 사실을 몰랐다. 그래서 지원서를 내지도 않았다. 아인슈타인을 추천한 사람은 두 명의 대학 동료였다. 아인슈타인은 그들의 우정 어린 배려에 많이 고마워했다.

두 달 동안의 임시직이었지만 아인슈타인은 즐겁고 유익하게 보냈다. 학생들은 아인슈타인이 젊고 임시직 교사란 사실을 알고 고분고분하지 않았다. 아인슈타인은 이런 행동을 유머와 재치로 받아넘겼다. 하루는 한 학생이 삐딱하게 앉은 채 거슬릴 정도로 의자를 삐걱거렸다. 아인슈타인이 그를 지목하며 물었다.

"이 소음을 내고 있는 게 너냐 의자냐?"

수학 강의는 일주일에 6일을 이어 가는 강행군이었지만 아인슈타인은 즐거이 강의했다. 일주일의 남은 하루는 물리학 연구에 집중하거나 쇼펜하우어의 글을 되새겼다.

> 무엇을 가졌는가, 남들에게 얼마나 인정받고 있는가보다 어떤 사람인지가 행복을 더 크게 좌우한다.

아인슈타인은 그로스만에게 편지를 보내 자신의 주된 연구 관심사가 무엇인지 알려 주곤 했다.

> 과학으로 말하자면 말이지, 내 머릿속엔 놀랄 만한 아이디어가 몇 개 들어 있다네. 나는 뉴턴의 중력이론을 분자에까지 확대 적용할 수 있다고 생각하네. 일상의 경험과는 별개인 듯 보이는 현

상이 실제론 같은 원리로 작동하고 있단 사실을 깨달았을 때 느끼는 감정은 실로 경이로울 정도라네.

아인슈타인은 물리학 논문을 읽고 의문이 들 때면 논문 저자에게 직접 편지를 보내 의견을 묻곤 했다. 한번은 파울 드루데(Paul Karl Ludwig Drude, 1863~1906)에게 편지를 써서 두 가지 잘못이 있는 것 같다는 사실을 지적했다. 이에 드루데는 물리학계에서 듣도 보도 못한 자가 감히 내 이론을 지적하느냐는 뉘앙스로 아인슈타인에게 답장을 보냈다. 아인슈타인은 부르르 떨었다.

"또 한 번 절감하지 않을 수 없구나. 과학의 진실을 가리는 적은 무지가 아니라 권위라는 사실을."

아인슈타인은 굳게 결심했다.

"드루데나 베버 같은 사람들하곤 상종하지 않겠다."

아인슈타인에게 찾아온 두 번째 행운은 고등학교 보조교사직이었다. 아인슈타인은 공업학교 대리교사를 마친 후 스위스 교사 저널에 실린 채용 공고를 보고 지원서를 내 합격 통지를 받았다. 보조교사의 임무는 수학 성적이 형편없는 부잣집 자녀를 가르치는 일이었다. 아인슈타인은 1901년 9월부터 4개월 동안 이 일을 했다.

특허사무소의 일자리는 아직도 감감무소식인 채 1902년의 하루하루가 빠르게 지나갔고, 생계는 다시 어려워지고 있었다. 아인슈타인은 특허사무소 일자리를 거의 포기하고 있었다. 그러던 차에 그로스만에게서 연락이 왔다.

조만간 특허사무소에서 연락이 갈 걸세. 일자리를 받아들이겠다
고 하면 그 자리는 자네의 것이 될 걸세.

아인슈타인은 기분이 날아갈 것 같았다.

1902년 6월 아인슈타인은 스위스 베른의 특허사무소로 첫 출근을 했다.

베른 올림피아 아카데미

특허사무소라는 안정적 직장을 얻으면서 경제적 압박은 사라졌다. 아인슈타인은 뜻이 맞는 세 명의 벗과 자유로운 토론의 공간을 만들었다. 베른 올림피아 아카데미(Bern Olympia Academy)라는 모임이 그것이다.

회원은 솔로비네(Maurice Solovine, 1875~1958), 하비히트(Conrad Habicht, 1876~1958), 아인슈타인, 그리고 아인슈타인의 첫 번째 아내가 되는 밀레나 이렇게 넷이었다. 이들은 차와 커피를 마시고 소시지와 치즈와 과일을 먹으며 소포클레스의 희곡 『안티고네』, 세르반테스의 『돈키호테』 같은 고전을 논했다. 뿐만 아니라 과학과 철학과 예술을 넘나들며 서로의 생각을 자유로이 나누었다. 베른 올림피아 아카데미 회원들과 흄의 『인성론』, 스피노자의 『윤리학』, 마흐의 『감각의 분석』과 『역학의 발달』, 푸앵카레의 『과학과 가설』 같은 책을 이야기할 때면 아인슈타인의 두뇌는 더욱 생생히 돌아갔다.

아인슈타인은 흄의 다음과 같은 생각에 깊은 인상을 받았다.

감각으로 경험할 수 없는 지식은 회의적일 수밖에 없다.
논리적으로 추론할 수 없는 개념도 있다.

아인슈타인은 훗날 이렇게 말했다.

> 나는 흄의 철학사상에 매력을 느꼈다. 실증주의를 표방하는 흄의 사고방식은 상대성이론을 펼쳐 나가는 나의 노력에 큰 영향을 주었다. 상대성이론을 완성하기 직전 나는 흄의 『인성론』을 감탄하며 탐독했다.

아인슈타인의 회상은 좀 더 구체적으로 이어진다.

> 흄은 시간과 물체의 운동을 별개의 것으로 봐야 할 어떠한 근거도 없다고 했다. 시간에 영향을 주는 것은 오로지 시간뿐이라고 보는 건 의미가 없으며, 절대시간 같은 건 존재하지 않는다고 했다. 이러한 사고방식은 특수상대성이론을 구체화하는 데 큰 밑거름이 되어 주었다.

아인슈타인이 특수상대성이론의 근간을 이루는 아이디어를 얻은 학자로는 마흐(Ernst Mach, 1838~1916)도 있었다. 아인슈타인은 마흐의 다음과 같은 생각에 깊은 감명을 받았다.

> 절대시간과 절대공간은 비웃음을 살 만한 기괴한 개념이다.

절대시간과 절대공간이란 시간과 공간이 어떠한 상황, 어떠한 환경에서도 변하지 않는다는 개념이다. 우리의 일상 경험에 근거한 개념으로,

고전물리학의 완성자 뉴턴의 상징과도 같은 개념이다. 마흐는 철학적 시각에서 고전물리학의 완성자 뉴턴의 아성에 도전한 것이다.

절대의 반대는 상대다. 절대시간과 절대공간의 반대는 상대시간과 상대공간이다. 뉴턴의 절대시간과 절대공간을 상대시간과 상대공간으로 바꾼 이론이 바로 아인슈타인의 특수상대성이론이다.

베른 올림피아 아카데미 회원들의 대화는 밤새도록 이어지는 경우가 적잖았다. 대화가 끝나면 아인슈타인은 밤을 지새운 회원들을 위해 바이올린을 연주했고, 마침 여름철이면 베른 외곽의 산에 올라 일출을 구경하곤 했다. 그리고 산을 내려와 근처 카페에 들러 모닝커피를 마시고 새 하루를 시작했다.

1905년

1905년 아인슈타인은 특수상대성이론의 열매를 마침내 세상에 내놓았다.

> 시간이 느려진다.
> 길이가 수축한다.
> 질량이 무거워진다.

특수상대성이론의 이러한 결과는 사람들이 기존에 갖고 있던 개념을 송두리째 뒤집어 버렸다. 특수상대성이론이 나오기 전까지 인류는 시간과 공간과 질량은 불변이라고 믿어 의심치 않았다. 어느 때 어느 곳에서 측정해도 시간의 흐름은 늘 일정해야 하고, 길이는 항상 그대로여야 하

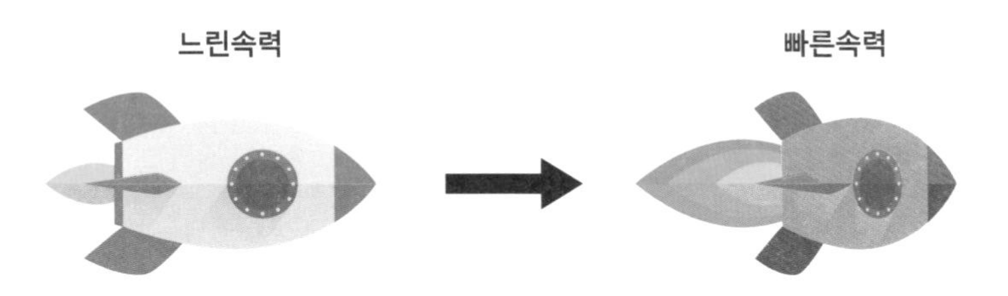

빛의 속력에 접근하면, 길이는 짧아진다. 질량은 증가한다.

$$m = \frac{m_0}{\sqrt{1 - \frac{v^2}{c^2}}}$$

특수상대성이론에 따르면, 빛의 속도에 가까워질수록 시간은 느려지고, 길이는 짧아지며, 질량은 증가한다.

며, 질량은 변함이 없어야 한다는 데 누구도 이의를 달지 않았다. 이것이 고전물리학의 완성자 뉴턴의 기념비적인 업적이었고, 고전물리학의 확신에 찬 뜻이었다. 그런데 아인슈타인이 이것은 착각일 뿐이라고 입증해 보인 것이다.

아인슈타인은 시간과 길이와 질량의 변화는 광속과 떼려야 뗄 수 없는 관계이고, 그 변화는 광속에 접근할수록 커진다고 했다.

> 시간의 지체(느려짐) 현상은 광속에 다가갈수록 두드러진다.
> 길이의 수축 현상은 광속에 다가갈수록 두드러진다.
> 질량의 증가 현상은 광속에 다가갈수록 두드러진다.

광속에 가까워질수록 시간은 더욱 느려지고, 길이는 더욱 짧아지며, 질량은 더욱 무거워진다는 얘기다. 예를 들어 광속의 0.9배에 이르면 시간은 2.3배로 느려지고, 길이는 0.44배로 짧아지며, 질량은 2.3배로 무거워진다.

특수상대성이론은 말한다. 시간과 길이는 광속이라는 공통 인자로 연계되어 있다고. 이는 시간과 공간이 긴밀히 연결돼 있다는 의미여서, 이로부터 물리학의 4차원 시공간 개념이 나오게 된다.

3. 일반상대성이론의 탄생

가장 행복한 생각

물리학자의 꿈은 '법칙의 보편화'다. 한정된 상황에만 들어맞는 법칙이 아니라, 만물에 공통으로 적용할 수 있는 법칙을 발견하는 것이다. 이런 면에서 특수상대성이론은 만족스러운 이론이라 말하기 어렵다. 등속이라는 특수 환경에서만 적용 가능한 이론이기 때문이다. 이를 누구보다 잘 알고 있는 사람이 아인슈타인 자신이었다. 아인슈타인은 특수상대성이론의 보편화 작업, 즉 가속 상황에서도 적용 가능한 법칙을 발견하는 연구에 바로 뛰어들었다.

일반상대성이론의 탄생은 아인슈타인의 다음과 같은 상상에서 비롯한다.

건물 옥상에 페인트공이 올라가 있다.
그가 페인트칠을 하다가 지상으로 떨어진다.
자유낙하 중이다.

그는 자신의 몸무게를 느낄까?

아인슈타인의 결론은 몸무게를 느끼지 못한다는 것이었고, 여기서 등가 원리를 도출해 냈다.

등가 원리는 중력으로 발생한 현상과 가속운동으로 일어난 현상을 구별할 수 없다는 원리로, 일반상대성이론의 뿌리가 되는 원리다. 특수상대성이론의 뿌리가 되는 원리가 광속은 일정하다는 '광속 불변의 원리'라고 하면, 일반상대성이론의 뿌리가 되는 원리는 '등가 원리'인 셈이다.

특수상대성이론의 뿌리가 되는 원리: 광속 불변의 원리
일반상대성이론의 뿌리가 되는 원리: 등가 원리

아인슈타인은 일반상대성이론의 시작을 알린 상상을 "내 생애 가장 행복한 생각"이라고 했다.

상대성이론의 일반화를 향해

상대성이론을 일반화하려는 아인슈타인의 노력은 '생애 가장 행복한 생각' 이후 10여 년에 이르는 시간을 필요로 했다.

아인슈타인도 이를 직감했던 것일까? 아인슈타인은 상대성이론의 일반화 작업에 뛰어들면서 연구에만 몰두할 수 있는 직업을 찾길 원했다. 이를 가장 잘 충족시켜 줄 수 있는 직업은 대학 교수였다.

아인슈타인은 1908년 2월 베른 대학교에 원서를 냈고 합격했다. 그러나 정교수가 아닌 강사 자리였다. 요즘도 그렇지만 당시도 교수와 강사의 처우는 차이가 컸다. 강의료도 박해서 아인슈타인은 특허사무소를 다니며 강사 일을 겸했다.

이듬해 1909년 여름 아인슈타인은 취리히 대학교 이론물리학과 조교수가 되었다. 아인슈타인의 위대성을 일찍이 알아본 클라이너(Alfred Kleiner, 1849~1916) 교수가 아인슈타인을 강력 추천한 덕분이었다. 그는 아인슈타인의 박사학위 논문 지도교수이다. 이 무렵 아인슈타인은 특허사무소를 사직했다. 이후 학자로서 아인슈타인의 앞길은 탄탄대로였다. 흔한 말로 물리학자로서 꽃길만 걷게 된다.

같은 해 가을 아인슈타인은 오스트리아의 잘츠부르크에서 열린 물리학회에 초청을 받았다. 아인슈타인이 세계적인 물리학자의 반열에 올랐다는 방증이었다. 아인슈타인은 그곳에서 20세기 초 물리학계를 이끈 학자들과 교류했다. 아인슈타인을 가장 반긴 사람은 양자론의 선구자인 플랑크(Max Planck, 1858~1947)였다. 플랑크는 특수상대성이론을 일찍이 읽고 아인슈타인의 천재성에 매료된 상태였다.

잘츠부르크 학회 이후 아인슈타인의 명성은 전 유럽으로 더욱 거세게 퍼져 나갔다. 유수의 대학들이 좋은 조건으로 러브콜을 보냈고, 아인슈타인은 프라하 대학교를 선택했다. 프라하 대학은 정교수 보장에 고임금과 넉넉한 연구 시간을 제공했다. 아인슈타인은 많은 시간을 일반상대성이론 연구에 투자할 수 있었고 적잖은 연구 성과를 냈다.

그러나 프라하에서의 삶이 마냥 흡족한 것은 아니었다. 아인슈타인은 프라하 대학교 학생들의 학습 의욕이 진지하지 않은 데 실망했고, 교수들이 학문적으로 융합하지 못하고 독일인과 체코인으로 나뉘어 정치적으로 대립하고 있는 것을 안타까워했다. 아인슈타인은 독일계 물리학과 연구실을 사용하고 있었다.

아인슈타인은 혼란스러운 마음이 들 때면 일반상대성이론 연구에 더욱 박차를 가했다. 그러면 혼란스럽던 마음은 언제 그랬냐는 듯 가라앉았고, 일반상대성이론은 한 걸음 한 걸음 앞으로 나아갔다.

그러던 중 상대성이론의 일반화 작업 앞에 큰 벽이 나타났다. 기존의 수학 지식으로는 풀기 어려운 문제에 부딪친 것이다. 상대성이론의 일반화는 우주의 공간구조를 다루는 것이어서 기하학 지식이 필수다. 당시 대부분의 학자들이 알고 있던 기하학은 삼각형의 내각에 대해 다음과 같이 말했다.

> 삼각형의 내각의 합은 180°이다.

이런 기하학을 유클리드 기하학이라고 한다. 유클리드 기하학은 우리가 경험하는 일상에 잘 들어맞는 기하학이다.

아인슈타인이 우주의 공간구조를 파헤쳐 들어가 보니 유클리드 기하학으론 해결이 안 되는 문제가 발견됐다.

> 삼각형의 내각의 합은 180°보다 클 수도 있고, 180°보다 작을 수도 있다.

이는 유클리드 기하학으론 해결 자체가 불가능한 것이다. 아인슈타인은 인간적 외로움에다 새로운 수학 지식과도 싸워야 하는 처지가 되었다. 상대성이론의 일반화 작업은 좀체 앞으로 나아가지 못했다.

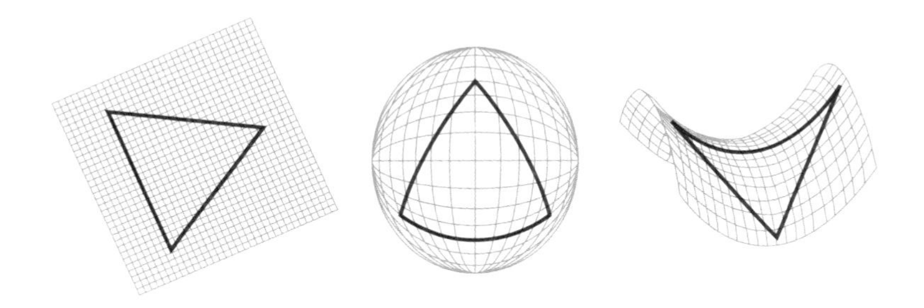

유클리드 기하학에서 삼각형의 내각의 합은 180도이다(왼쪽). 그러나 공간이 휘어 있다면, 삼각형의 내각의 합은 180도보다 클 수도(가운데), 작을 수도 있다(오른쪽).

그러던 중 아인슈타인에게 편지 한 통이 날아왔다. 그로스만이 보낸 것이었다. 그로스만은 당시 모교인 취리히 연방공과대학의 수학물리학 과장으로 재직 중이었다. 아인슈타인은 편지를 읽어 내려갔다.

> 취리히 연방공과대학으로 오지 않겠는가? 자네를 위해 이론물리학 교수 자리를 마련해 놓았다네.

아인슈타인은 그로스만의 제안이 너무도 고마웠다. 이직 조건도 나쁘지 않아서 프라하 대학교와 비슷했다.

아이슈타인은 체코에서 스위스로 건너갔고, 그로스만을 만나 상대성 이론의 일반화에 대한 조언을 구했다.

"우주 공간을 들여다보니 유클리드 기하학으론 풀리지 않는 문제가 나왔다네. 나는 이 문제로 참 많이 고민하고 있지만 답이 보이지 않고 있다네. 내 생각에 자네가 이 문제의 해결에 도움을 줄 수 있을 것 같은데?"

아인슈타인이 그로스만에게 이런 부탁을 한 데는 그럴 만한 충분한 까닭이 있었다. 그로스만은 아인슈타인과 함께 학부에선 물리학을 전공했지만, 대학원에선 기하학 쪽 논문을 써서 박사학위를 받았다.

아인슈타인이 말을 이었다.

"기하학은 유클리드 기하학이 전부인가?"

"아니라네."

"정말인가!"

"예전에는 유클리드 기하학이 기하학의 전부였지만, 지금은 비非 유클리드 기하학이 나왔다네."

"삼각형의 내각의 합이 180도가 아닌 구조를 다룰 수 있는 기하학이 비유클리드 기하학이란 얘긴가?"

"그렇다네."

그로스만이 말을 이었다.

"텐서(tensor) 이론을 공부하면 많은 도움을 얻을 수 있을 것 같네."

"고맙네."

아인슈타인은 가뭄에 단비를 만난 듯 기뻐했다.

아인슈타인은 텐서 이론을 공부하기 시작했다. 그러나 만만치가 않았다. 아인슈타인은 훗날 이렇게 술회했다.

> 특수상대성이론을 완성하는 데는 그다지 큰 어려움이 없었다. 상대성이론의 일반화 작업도 다르지 않을 줄 알았다. 그러나 아니었다. 상대성이론의 일반화 작업에 비하면 특수상대성이론은 아이들 장난에 불과했다. 텐서 이론은 지독히 어려웠다. 원리를

이해하는 데 이토록 어려운 적은 없었다.

아인슈타인은 어렵게 습득한 텐서 이론을 우주의 공간구조에 적용했고, 정체돼 있던 상대성이론의 일반화는 조금씩 나아갔다.

아인슈타인이 상대성이론의 일반화에 매진하는 동안 베를린 대학교에서 아인슈타인을 영입하려는 움직임이 구체화되고 있었다.

"나는 아인슈타인이 20세기 물리학을 이끌어 나갈 인재라 믿어 의심치 않습니다. 그런 인물을 우리 대학에 두어야 하는 건 당연하다고 봅니다."

플랑크가 말을 이었다.

"아인슈타인을 데려올 좋은 방법이 없을까요?"

"카이저빌헬름 연구소장직을 제안하는 건 어떨까요?"

네른스트가 말했다. 네른스트(Walther Nernst, 1864~1941)는 독일의 물리학자로 1920년 노벨 화학상을 수상한다.

"좋은 생각 같습니다."

플랑크와 네른스트는 취리히로 가서 아인슈타인을 만났다.

"베를린 대학교에선 세계 과학을 선도해 나갈 연구소를 세울 예정입니다. 카이저빌헬름 연구소가 그곳이지요. 우리는 당신과 같은 세계 최고의 역량을 지닌 우수한 인재가 카이저빌헬름 연구소를 이끌어 주길 고대하고 있습니다. 당신에게 카이저빌헬름 연구소의 초대 소장과 베를린 대학교 물리학과 정교수직을 제안합니다. 봉급은 최고 수준이고, 강의 시간은 최소로 줄여 연구할 시간을 최대로 보장해 드리겠습니다. 우리 제안을 받아 주시겠습니까?"

당시 베를린 대학교 물리학과는 기라성 같은 학자들로 채워진 세계 최고 수준의 물리학과였다.

아인슈타인은 제안을 수락했다.

일반상대성이론의 완성

베를린에 도착한 아인슈타인은 더없이 좋은 연구 환경에서 상대성 이론의 일반화 작업에 전념할 수 있게 되었다. 그러나 그런 만큼 부담감 또한 컸다.

'세상에 공짜는 없는 법이다. 베를린 대학교가 최고의 조건으로 나를 데려온 것은 그에 상응할 만한 성과를 보란 듯이 내놓으란 뜻일 것이다. 상대성이론의 일반화 작업은 그에 부응할 만한 업적이 될 것이다. 더욱 박차를 가해 빠른 시일에 결과물을 내놓도록 하자!'

아인슈타인은 상대성이론의 일반화 작업에 매진했고, 막바지에 이르러선 5주 가량 밤을 새워 가며 연구에 몰두했다.

1915년 11월 말 아인슈타인은 일반상대성이론이라고 부르는 상대성 이론의 일반화 작업을 마무리했다.

빛은 태양 주변에서 휜다.

천체에 가려 있어서 보이지 않아야 할 천체가 빛의 휨 현상 때문에 보일 수 있다.

중력이 굉장히 강한 천체 주변에선 시간이 느려진다.

수성의 공전 궤도에서 발생하는 오차는 미지의 행성 때문이 아니라 시공간의 일그러짐 때문이다.

아인슈타인이 내놓은 이 결과를 빛의 휨 현상, 중력 렌즈 현상, 중력편이 현상, 수성의 근일점 문제라고 부른다.

4. 상대성이론의 검증

뉴턴 대 아인슈타인

뉴턴은 "삼라만상은 예외 없이 중력의 영향을 받는다"고 역설했다. 아인슈타인이 상대성이론의 일반화 작업을 통해 내놓은 4가지 결론인 빛의 휨 현상, 중력 렌즈 현상, 중력편이 현상, 수성의 근일점 문제 역시 뉴턴의 중력이론으로 충분히 예측이 가능했다. 그렇다면 의문이 생긴다.

중력이론과 일반상대성이론의 차이가 뭐란 거지?

의문의 답은 시공간에 있다.

뉴턴은 중력과 시공간을 따로따로의 것으로 여겼다. 반면 아인슈타인은 특수상대성이론에서 밝힌 시공간의 연관성을 일반상대성이론에선 중력의 범주로까지 넓혀 "중력과 시공간은 별개가 아니다"라고 주장하기에 이르렀다. 이것이 뉴턴의 중력이론과 일반상대성이론의 차이다.

뉴턴의 시공간: 시간과 공간은 별개다

아인슈타인의 시공간: 시간과 공간은 별개가 아닐뿐더러 중력과도 깊은 관계를 맺는다.

아인슈타인이 일반상대성이론에서 밝힌 4가지 결과는 결국 시공간의 문제로 이어진다. 이렇게 말이다.

> 빛이 태양 주변에서 휘는 건 태양 주변의 시공간이 일그러져 있어서 생기는 현상이다.
> 천체에 가려 있어서 보이지 않아야 할 천체가 보이는 것은 우주 공간이 휘어 있어서 생기는 현상이다.
> 중력이 강한 천체 주변에서 시간이 느려지는 건 주변 시공간이 심하게 왜곡돼서 생기는 현상이다.
> 수성의 공전 궤도에서 생기는 오차는 수성 주변의 시공간이 일그러져서 생기는 현상이다.

뉴턴의 중력이론이 맞는지 아인슈타인의 일반상대성이론이 맞는지는 결국 시공간이 왜곡돼 있는지 아닌지를 판단하면 되는 일이다. 아인슈타인은 일반상대성이론을 발표하면서 이를 검증할 수 있는 방법도 제시했다.

> 빛은 태양 중력의 영향을 받는다. 태양 주변의 시공간이 왜곡돼 있다면, 시공간이 휘어져 있는 만큼 빛은 더 굽어야 할 것이다. 일식이 일어나는 날 빛이 휘어지는 정도가 얼마나 되는지 정밀히 측정하면 뉴턴의 중력이론이 옳은지 나의 일반상대성이론이 옳은지 검증할 수 있을 것이다.

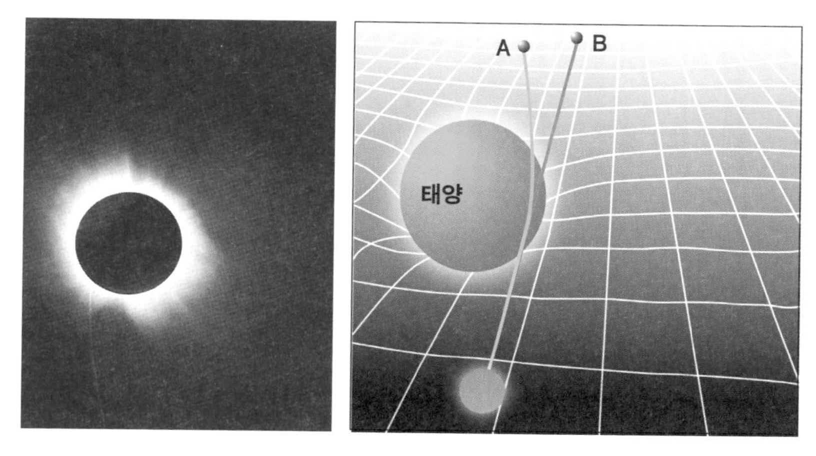

1919년 5월 29일 프린시페에서 촬영한 개기일식 사진(왼쪽). 태양에 가려 보이지 않았어야 할 별 A의 빛이, 중력의 영향으로 공간이 휨으로써 B 위치에 있는 것처럼 보이는 것이 확인되었다.

발표자는 왕립천문대장인 다이슨(Frank Dyson, 1868~1939년) 경이었고, 결론은 간단명료했다.

"사진 판독 결과 아인슈타인의 예측이 옳다는 것이 의심할 여지 없이 확인되었습니다."

뉴턴의 이론대로라면 태양에 가려서 보이지 않았어야 할 별빛이, 공간이 휜 덕분에 굴절되어 사진에 찍힌 것이다. 그 굴절값은 아인슈타인이 예측한 대로였다.

이어 톰슨 경이 이날의 결과에 종지부를 찍었다.

"오늘의 결과는 인간 지성사의 가장 위대한 성과 중의 하나입니다."

이튿날인 11월 7일 영국의 〈더 타임스〉는 전날의 역사적인 사건을 보도했다.

과학의 혁명
새로운 우주론 등장
뉴턴의 중력이론 무너지다

뒤이은 미국의 〈뉴욕 타임스〉 보도는 이러했다.

하늘의 휘어진 빛
과학자들, 일식 관측 결과에 고무되다
아인슈타인 이론의 위대한 승리

아인슈타인은 세상에서 가장 유명한 과학자가 되었고, 천재의 표상이 되었다.

제2장

양자론

상대성이론이 아인슈타인이라는 걸출한 인물 한 사람의 노력으로 이루어진 결과물이라고 하면, 양자론은 플랑크, 아인슈타인, 보어, 하이젠베르크, 드브로이, 슈뢰딩거, 디랙(Paul Dirac, 1902~1984) 등 걸출한 학자들의 공동 노력의 결과물이다. 우선 플랑크부터 알아본다.

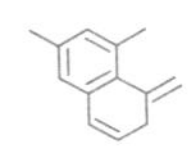

(왼쪽) 막스 플랑크(Max Planck, 1858~1947)
(오른쪽) 베르너 하이젠베르크(Werner Heisenberg, 1901~1976)

1. 플랑크와 에너지양자

열역학과 철

플랑크는 양자론의 아버지와 같은 존재로 양자론의 탄생에 결정적인 기여를 했는데, 그 출발은 '열역학'과 '철'이다.

열역학은 열과 관련된 현상을 연구하는 학문이다. 플랑크는 헬름홀츠(Hermann Helmholtz, 1821~1894), 키르히호프(Gustav Kirchhoff, 1824~1887) 같은 당대의 내로라하는 열역학 권위자들을 사사하고 1879년 열역학 법칙과 관련된 논문으로 박사학위를 받았다. 그리고 1889년 키르히호프의 후임으로 베를린 대학교 교수에 부임하면서 열역학 연구에 본격적으로 뛰어들었다.

19세기 후반은 독일제국이 국가적으로 부국강병을 소리 높여 외치던 시기였다. 영국과 프랑스와 러시아 등 강대국들을 뛰어넘어 유럽의 패권국이 되기 위해선 무엇보다 우수한 철의 생산이 절실했다. 철은 산업혁명을 일으키고 이끌어 나가는 데 결정적인 밑거름이 되어 준 물질이었다.

순수한 철은 은회색을 띠는데 이러한 철을 순철이라고 한다. 반면 철광석은 은회색을 띠지 않고 검붉은 색을 띤다. 순철과 철광석의 이러한 차이는 이물질 때문이다. 철광석에는 탄소, 산소, 규소(실리콘), 질소 등의 여러 물질이 섞여 있는데 이러한 이물질 탓에 탁한 검붉은 색을 띠는 것이다.

용광로의 온도가 1,000℃가량까지 올라가면 철광석이 부드러워지기 시작한다. 여기에는 엿이나 젤리 같은 상태로 불순물이 여전히 섞여 있다. 그러나 부드러워진 철광석을 두드리고 때리면 모양 변화가 가능하다. 뿐만 아니라 두드리고 때려서 어느 정도의 불순물을 떨어낼 수 있는데 이렇게 만들어진 철을 연철이라고 한다.

연철 상태에서 온도를 높여 1,500℃가 넘어서면 철이 물처럼 줄줄 흘러나오는데 이 흘러나온 철을 선철이라고 한다. 선철은 연철보다 불순물이 적고 강도는 월등하다. 뿐만 아니라 액체 상태여서 어떤 모양이든지 만들어 낼 수 있다. 그러나 선철도 문제가 없는 것은 아니어서, 딱딱한 만큼 잘 부러지는 단점이 있다.

선철보다 강하면서 쉬이 부러지지 않는 철을 얻고 싶다.

답은 탄소에 있었다. 탄소 함유량이 연철은 적고, 선철은 많다. 선철보다 우수한 철은 탄소 함유량이 연철과 선철 사이여야 하는데 이것이 강철이다.

질 좋은 강철을 얻기 위해선 정확한 온도 측정이 중요하다. 독일에서는 물리공학연구소를 세워 이 일을 국가 과제로 삼아 전폭적으로 지원했다.

에너지양자

1896년 물리공학연구소의 빌헬름 빈(Wilhelm Wien, 1864~1928)은 열과 온도에 관한 법칙을 내놓았다. 이 법칙을 발견자의 이름을 붙여 빈의 법칙이라고 한다. 빈은 이 법칙의 발견으로 1911년 노벨 물리학상을 수상했다.

용광로의 온도를 온도계로 잴 수는 없다. 1,500여℃를 넘나드는 용광로에서 온도계는 타 버리거나 작동 불능 상태가 되어 버릴 테니까. 그래서 고안한 방법이 빛으로 온도를 측정하는 것이다.

용광로에서 방출하는 빛은 온도에 따라 색이 달라진다. 색은 온도가 높아지며 빨강에서 주황을 거쳐 흰색으로 변한다. 이러한 색깔 변화는 빛의 파장과 연관돼 있다. 보라색 빛은 파장이 짧고, 붉은색 빛은 파장이 길다.

이로부터 무엇을 유추할 수 있는가? 그렇다. 빛의 파장을 측정하면 온도를 잴 수 있다는 것이다. 파장을 정밀하게 측정할수록 온도를 정밀하게 잴 수 있는 것이다. 빈의 법칙은 이러한 원리에 근거한다.

빈의 법칙은 용광로의 온도뿐만 아니라 천체의 온도를 측정하는 데도 유용하게 적용할 수 있는 법칙으로 여러모로 쓸모가 많다. 하지만 약점이 있는데, 파장이 긴 빛에서는 맞지 않는다는 것이다.

1900년 초 영국의 레일리(John William Strutt Rayleigh, 1842~1919)가 빈의 법칙이 들어맞지 않는 영역의 온도를 맞추는 공식을 내놓았다. 이를 발견자들의 이름을 따서 '레일리·진스의 법칙'이라고 한다. 진스(James Jeans, 1877~1946)는 영국의 수학자로 레일리가 공식을 완성하는 데 수학적 도움을 준 인물이다. 레일리는 1904년 노벨 물리학상을 수상했다.

그러나 레일리·진스의 법칙도 반쪽짜리였다. 빈의 법칙이 잘 들어맞는 영역에선 들어맞지 않는 것이었다.

물리학자들은 당혹스러웠다.

'왜 이런 결과가 나오는 걸까?'

많은 물리학자가 이 의문에 도전했고, 가장 먼저 답을 내놓은 사람이 플랑크였다. 플랑크는 밤을 지새우며 빈의 법칙과 레일리 · 진스의 법칙을

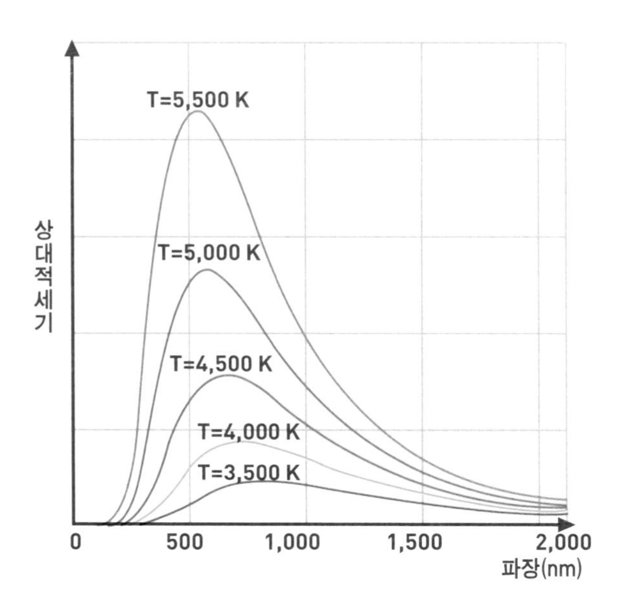

이상적인 흑체 복사 그래프. 물체의 온도가 높을수록 파장이 짧은 파란색 빛, 자외선, X선, 감마선을 많이 방출하고(위쪽 곡선들), 온도가 낮을수록 파장이 긴 파동을 방출한다.

통합하는 공식을 완성했다. 이를 '플랑크의 흑체 복사 공식'이라고 한다.

플랑크의 동료인 루벤스(Heinrich Rubens, 1865~1922)가 흑체 복사 공식의 정확도를 검증했다. 그는 밤을 새워 실험 데이터와 흑체 복사 공식 사이의 관계를 전 파장에 걸쳐 일일이 대조 확인했다. 정확했다. 플랑크의 흑체 복사 공식은 새로운 물리학의 시대를 여는 공식이 되었다.

플랑크는 고전물리학의 신봉자다. 고전물리학이 무너지는 걸 누구보다 허락지 않은 사람이다. 어떻게든 고전물리학을 수호하며 용광로의 온도 문제를 해결해 보려고 부단히도 노력한 사람이다. 플랑크는 이렇게 회고했다.

> 나는 원래 안전과 평화를 추구하는 인물이며 미심쩍은 모험은 되도록 피하는 편이다. 그런데 얻은 결과는 그야말로 절망의 산물이었다. 어떤 대가를 치르더라도 흑체 복사 공식에 이론적 해석을 내려야 했다.

1900년 12월 14일, 독일 물리학회의 정기 학술회의장. 플랑크는 자신이 유도한 흑체 복사 공식을 정식으로 발표했다.

"제가 지금 하려는 말이 이 논문의 가장 중요한 부분입니다. 모든 에너지는 아주 작은 덩어리로 이루어져 있습니다."

플랑크가 언급한 '아주 작은 덩어리'가 양자量子이다. 영어로는 퀀텀(quamtum), 복수형은 퀀타(quanta)이다. 에너지를 이루는 가장 작은 덩어리를 '에너지양자'라고 한다. 플랑크는 이날 에너지가 양자화되어 있다는 사실을 공식적으로 표명한 것이다. 1900년 12월 14일을 양자론의 탄생일이라고 부른다.

2. 아인슈타인과 광양자

노벨 물리학상 수상 논문

아인슈타인 하면 떠오르는 이론이 상대성이론이다. 그래서 아인슈타인이 양자론에 기여한 공이 없다거나 있다 해도 크지 않을 거라 생각할 수 있다. 그러나 그렇지 않다. 아인슈타인이 양자론에 기여한 공은 혁혁하다.

아인슈타인은 1905년에 특수상대성이론을 발표했다. 이해를 흔히 '아인슈타인의 기적의 해'라고 부른다. 아인슈타인은 이해에 특수상대성이론 외에도 걸출한 이론 몇몇을 연이어 발표했다.

아인슈타인이 1905년 5월 말께 베른 올림피아 아카데미의 회원인 콘라트 하비히트에게 보낸 편지를 보자.

> 콘라트에게,
>
> 왜 자네는 박사학위 논문을 보내 주지 않는가? 내가 자네의 논문을 그 누구보다 열정적으로 읽어 줄 사람이라는 걸 모르고 있진 않겠지? 자네에게 내가 쓴 4편의 논문을 약속하네. 자네가 박사학위 논문을 보내 주면 내 논문들이 얼마나 혁명적인지 알 수 있을 거라고 보네.
> 첫 번째 논문은 빛의 복사와 에너지에 관한 것이라네. 두 번째 논문은 원자의 크기를 결정하는 것이라네. 세 번째 논문은 부유하는 물체와 무작위 운동을 다룬 것이라네. 네 번째 논문은 미완성이지만 시간과 공간 속에서 움직이는 물체의 전기동역학에 관한 것이라네.

편지의 '미완성 논문'이 바로 특수상대성이론이다. 이 편지는 특수상대성이론이 완성되기 직전에 작성한 것임을 알 수 있다.

편지에서 언급한 네 개의 논문 중에서 양자론과 관련된 것은 '빛의 복사와 에너지'에 관한 첫 번째 논문이다. 이 논문은 아인슈타인에게 노벨 물리학상을 안겨 준 논문이다. 그렇다. 1905년의 첫 번째 논문은 노벨 물리학상을 주어도 아깝지 않은 논문이다. 아니, 노벨 물리학상을 당연히 받아야 하는 논문이다.

1905년의 첫 번째 논문이 양자론에 기여한 공로는 과연 무엇일까?

광양자

플랑크는 흑체 복사 공식을 발표하며 에너지양자를 주장했다. 에너지가 불연속적으로 떨어져 있다고 주장한 것이다. 그러나 대다수 물리학자들은 플랑크의 이러한 주장을 쉬이 받아들이지 않았다. 아니, 받아들이지 못했다. 고전물리학이 이렇게 맥없이 무너지는 상황을 달가워하지 않아서다. 그래서 어찌해야 할지 모르며 우왕좌왕하고 있었는데 이런 분위기에 종지부를 찍은 인물이 아인슈타인이다.

금속에 빛을 쪼이면 전자가 튀어나온다는 사실은 익히 알려져 있었다. 하지만 매번 전자가 튀어나오는 것은 아니었다. 파장이 긴 빛(진동수가 적은 빛)을 쪼이면 전자가 튀어나오지 않았다. 예를 들면 이런 상황이다.

> 적외선을 1분간 쪼였더니 전자가 튀어나오지 않는다.
> 1시간을 쪼여도, 10시간을 쪼여도 결과는 마찬가지다.
> 반면, 자외선은 10초간 쪼였는데도 전자가 튀어나온다.

물리학자들은 이 현상을 설명하기 위해 고전물리학의 이론이란 이론은 모두 다 동원해 보았으나 성공하지 못했다. 이를 깔끔하게 해결한 인물이 아인슈타인이다.

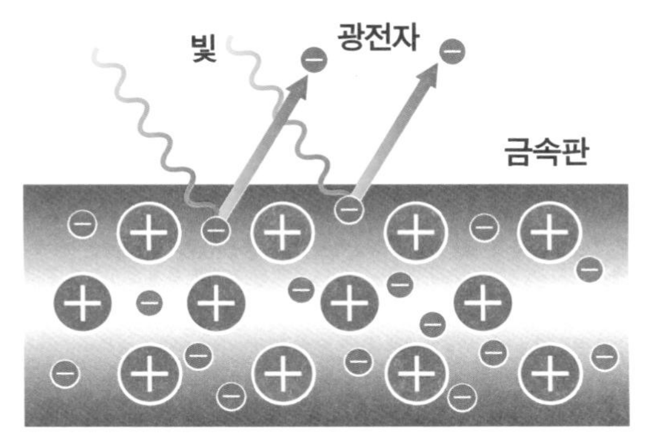

금속판에 파장이 짧은 빛을 쪼이면 금속판에서 전자가 튀어나오는 '광전효과'를 통해, 빛이 '광양자'라는 입자로 구성되었음을 알 수 있다.

이 현상을 제대로 설명하지 못한 까닭은 빛을 연속적인 것이라고 보아서다. 아인슈타인은 고전물리학의 통념을 과감히 버리고 빛은 연속적이지 않다고 생각했다. 빛이 매우 작은 알갱이로 이루어져 있다고 본 것이다. 그랬더니 매끄럽게 설명이 되었다. 이 현상을 '광전효과', 빛을 구성하는 작은 입자를 '광양자(광자, photon)'라고 한다. 아인슈타인의 광전효과 설명은 고전물리학이 해결하지 못한 걸 해석해 냈다는 것 이상의 의미를 담고 있다.

이 세상에 빛과 연관돼 있지 않은 것이 있는가? 단언컨대 없다. 우주가 탄생하면서 처음으로 내놓은 것이 빛이다. 빛은 이 세상 모든 것의 원천이나 마찬가지다. 빛은 광양자로 구성돼 있고 불연속적이니, 세상 만물은 연속적이 아니다. 불연속적인 것이다. 아인슈타인은 세상 만물이 불연속적이라는 것을 꿰뚫어본 것이다. 이것이 아인슈타인의 광전효과 설명에 담긴 위대한 의미이다.

3. 보어와 전자 궤도

보어, 톰슨, 러더퍼드

보어(Niels Bohr, 1885~1962)가 덴마크의 코펜하겐대 대학원에서 물리학을 공부할 무렵 가장 뜨거운 연구 주제 중의 하나가 전자와 관련된 것이었다. 당시는 원자 내부에 전자가 들어 있다는 사실은 알려져 있었으나, 어떤 상태로 있느냐는 밝히지 못한 상황이었다.

이 분야에서 가장 앞서 나간 물리학자는 전자의 발견으로 노벨 물리학상을 수상한 영국의 톰슨이었다. 당시 보어는 전자와 관련된 논문으로 박사학위를 받고, 1911년 영국으로 건너가 케임브리지 대학교의 톰슨 연구실에서 공부를 이어 갔다.

톰슨은 전자가 원자 내부에 골고루 흩어져 있다고 보았다. 이를 '건포도형 원자 모형'이라고 부른다.

보어는 톰슨과 대면한 첫날 톰슨이 저술한 책 몇몇 군데를 손으로 가리키며 "이 부분은 틀렸습니다"라고 말했다. 톰슨과 보어의 관계는 이렇게 만남 첫날부터 삐걱거렸다.

두 사람의 한번 틀어진 관계는 좀체 나아지지 못했다. 보어는 연구실을 옮길 생각을 하다 맨체스터의 러더퍼드(Ernest Rutherford, 1871~1937) 밑으로 갈 뜻을 굳혔다. 러더퍼드는 톰슨의 제자였고 1908년 노벨 화학상을 수상했다. 보어가 러더퍼드를 찾아갔다.

"교수님과 함께 연구를 하고 싶습니다."

"자네같이 우수한 인재가 내 밑으로 오는 걸 나쁘지 않게 생각하네. 다만, 톰슨 교수님의 뜻이 어떨지 모르니 허락을 받아 오게나. 톰슨 교수님이 허락하시면 자네를 기꺼이 받아들이겠네."

보어는 케임브리지로 돌아와 자신의 뜻을 톰슨에게 전했고, 톰슨도 껄끄러운 보어를 계속 두고 싶어 하지 않았기에 바로 승낙했다. 보어는 1911년 12월부터 맨체스터의 러더퍼드 연구실에서 전자를 탐구하기 시작했다.

보어는 훗날 술회했다.

> 케임브리지에서 보낸 시절은 흥미로웠으나 나에게는 아무런 도움도 되지 않은 무의미한 시간이었다.

전자 궤도

러더퍼드는 원자의 중심에 원자핵이 있고 그 둘레를 전자가 회전하는 원자 모형을 주장했다. 이 모양을 태양 둘레를 공전하는 태양계와 비슷하다고 해서 '태양계형 원자 모형'이라고 한다.

보어는 톰슨의 건포도 모형보다 러더퍼드의 태양계 모형이 설득력 있다고 보았다. 그러나 러더퍼드 원자 모형에는 풀어야 할 숙제가 있었다.

원자핵은 양전하, 전자는 음전하를 띤다. 전자는 지구가 태양 둘레를 공전하듯 원자핵 둘레를 공전한다. 고전물리학의 전자기이론에 따르면 전기를 띤 입자가 움직이면 전자기파를 방출하면서 에너지를 잃어야 한다. 이를 러더퍼드 원자 모형에 적용하면, 전자는 전자기파를 방출하다가 에너지를 잃으며 원자핵으로 끌려들어 가야 한다. 원자가 쪼그라들 수밖에 없게 되는 것이다. 삼라만상은 원자로 구성돼 있으니 모든 것이 쪼그라든 모습이어야 한다. 인간도 예외이지 않을 것이다. 고전물리학의

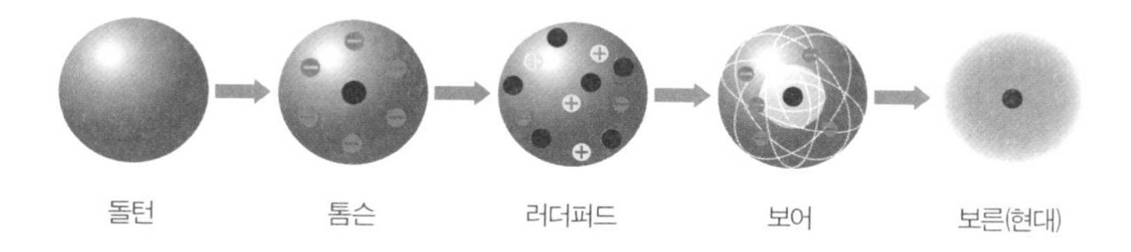

전자기이론에 따르면 이 과정은 채 1초도 걸리지 않는다. 삼라만상은 태어나자마자 쪼그라들었어야 한다는 결론이 나온다.

그런데 현실은 어떤가? 원자가 쪼그라들었는가? 아니다. 사람이 쪼그라들었는가? 아니다. 세상 만물은 전혀 쪼그라들지 않았다.

태양계형 원자 모형이 살아남으려면 이 문제를 어떻게든 해결해야 했다. 보어는 생각을 거듭한 끝에 고전물리학의 범주 안에서 이를 설명하는 건 불가능하다는 결론을 내렸다. 플랑크와 아인슈타인이 그랬듯 연속성 개념을 과감히 버리고 불연속성 개념을 고려해야 한다고 본 것이다.

보어는 전자가 아무렇게나 회전하는 게 아니라, 계단처럼 층을 이루며 회전한다고 보았다. 불연속적 전자 궤도를 상상한 것이다. 이를 원자 내부에 적용했더니 러더퍼드의 원자 모형이 해결하지 못한 숙제가 풀렸다. 대성공이었다.

보어의 전자 궤도는 아인슈타인의 광전효과 설명에 내포된 삼라만상의 불연속성을 입증한 멋진 결과물이다.

4. 하이젠베르크와 행렬역학

보어와의 만남

전자는 원자 내부에서 공전하며 전자기파를 방출한다. 이것이 빛의 형태로 나오는데, 이를 필름에 담은 것이 스펙트럼이고, 이를 연구하는 학문이 분광학이다.

원소 중에서 가장 단순한 원소는 수소이다. 원자핵 둘레로 전자 하나가 공전하는 구조이다. 보어의 전자 궤도는 수소의 스펙트럼에는 잘 들어맞는다. 하지만 그 외의 원소들에는 잘 들어맞지 않는다. 수소 다음으로 단순한 원소인 헬륨조차 잘 들어맞지 않는데, 이는 보어의 전자 궤도가 허점을 내포하고 있다는 뜻이다. 양자론이 한 단계 도약하려면 이를 어떻게든 해결해야 했다.

1921년 3월. 보어는 여러 재단으로부터 적지 않은 기부를 받아 덴마크의 코펜하겐 대학교에 세계 최고 수준의 물리학 연구센터를 설립했다. 최첨단 실험 장비를 갖추고 장학금을 지급하는 등 전폭적인 지원을 아끼지 않았다. 보어의 연구센터는 최첨단 물리학 지식을 배우러 온 전 세계의 우수한 인재로 늘 분주했다.

1922년 6월. 보어는 독일의 괴팅겐 대학교에서 강연 중이었고, 그 자리에는 하이젠베르크(Werner Karl Heisenberg, 1901~1976)가 있었다. 하이젠베르크는 갓 스무 살을 넘긴 뮌헨 대학교의 물리학과 박사과정 학생이었다. 하이젠베르크가 손을 들었다.

"질문이 있습니다, 보어 교수님."

"네, 질문해 보세요."

"교수님은 전자 궤도 이론이 완벽하다고 보시나요? 제가 몇몇 논문을 찾아보았더니 논쟁이 가능한 듯싶어서요."

하이젠베르크의 질문을 받는 순간 보어는 움찔했다. 10여 년 전 케임브리지에서 톰슨 교수에게 지적했던 자신의 모습이 떠올랐기 때문이다. 보어는 당황한 표정과 말투로 답하며 순간을 힘겹게 넘겼다. 등줄기에 식은땀이 흘렀다.

보어는 강연이 끝난 후에 하이젠베르크를 조용히 불러 산책을 가자고 했다. 보어와 하이젠베르크는 오솔길을 걸으며 양자론의 논쟁거리를 놓고 대화했다. 대화 끝머리에 보어가 부드러운 목소리로 제안했다.

"코펜하겐의 물리학 연구센터를 꼭 한번 방문해 주길 바라네. 좀 더 긴 시간 동안 진지하게 논의하고 싶거든."

1923년 여름 하이젠베르크의 박사학위 논문이 통과되었고, 하이젠베르크는 이듬해 보어의 물리학 연구센터를 방문했다. 보어는 오랜 친구를 만나듯 하이젠베르크를 환대했다. 두 사람은 코펜하겐 북쪽에 위치하고 셰익스피어의 희곡 『햄릿』의 무대 배경으로 유명한 크론보르(Kronborg) 성 근처를 거닐며 여러 얘기를 나누었다.

하이젠베르크는 보어가 반갑게 맞이해 준 것에 고마워하면서도 코펜하겐 연구소의 분위기에 주눅이 들었다. 세계 각지에서 온 내로라하는 학생들은 어학 실력도 뛰어났고 현대물리학을 바라보는 눈도 앞서 있었다. 하이젠베르크는 더욱 정진해야겠다고 다짐하며 독일로 돌아왔다.

보어와 하이젠베르크의 처음 두 번의 만남은 이렇게 짧게 끝났지만, 하이젠베르크는 이후 코펜하겐 연구소를 여러 차례 방문해 보어와 긴한 얘기를 많이 나누었다.

행렬역학

하이젠베르크와 보어는 사회정치적인 이야기에서부터 원자론에 이르기까지 다양한 주제를 주고받았다. 1923년 히틀러가 독일 정부를 전복하려는 시도를 주도했다 징역 5년형을 선고받은 이야기에서부터, 물리학자들의 논문을 읽다 보면 반유대주의적 경향이 나타나는 것들이 꽤 있다는 이야기까지 두 사람의 대화 주제는 넓었다. 깊이는 그들의 최대 관심 주제인 원자 내부로 들어갈수록 깊어졌다.

"고전물리학으로 원자론을 이해하는 데는 한계가 있다고 보는 쪽이 있는가 하면, 고전물리학을 고수하려는 분들이 계십니다."

"원자론이 발전하려면 원자 내부에서 일어나는 현상을 이해하려는 시도 자체를 포기해야 한다는 의견이 있습니다."

"태양계 원자 모형이 시각적으론 그럴듯하지만 원자 내부의 실체와 거리가 멀다고 보는 견해가 있습니다."

"전자 궤도는 관측이 불가능한 물리량인가요? 그렇다면 이것을 이론적으로 계산하는 것이 의미가 있는 걸까요?"

하이젠베르크는 이렇게 물었고, 보어는 다음과 같이 답했다.

"고전물리학으로 원자 내부를 설명할 수 있다면 금상첨화겠지. 하지만 그게 어디 뜻대로만 되겠나?"

"전자 궤도 이론은 실험에 큰 비중을 두고 유추한 것이지."

"전자 궤도 모형이 원자 내부의 실체를 완벽하게 맞추어 주길 바라지만 그게 어디 내 바람대로만 되겠나?"

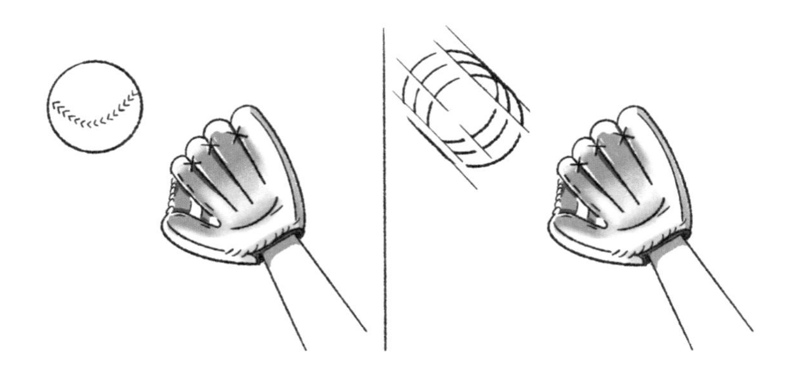

불확정성의 원리. 야구공을 정확한 위치에서 찍으면 운동량을 가늠할 수 없고(왼쪽), 운동량을 가늠할 수 있게 찍으면 위치를 특정할 수 없다.

"원자 내부를 설명하는 일은 시를 쓰는 것과 비슷하지 않나 싶어. 현재로선 이것이 원자 내부를 기술할 수 있는 최선이 아닐까?"

하이젠베르크는 원자 내부를 기술하려면 그의 스승이 말했던 것처럼 새 이론이 필요하다는 것을 절실히 느꼈다. 하이젠베르크의 스승은 막스 보른(Max Born, 1882~1970)으로, 그는 이렇게 주장했다.

"원자 내부를 정확히 이해하려면 고전물리학 이론을 포기하고 새 이론인 양자론을 과감히 도입해야 한다."

막스 보른은 아인슈타인만큼 대중적인 물리학자는 아니지만 양자론의 발전에 기여한 공로는 만만치 않다. 아인슈타인이 베를린 대학교 교수로 재직할 때 물리학과 교수로 같이 근무했으며 하이젠베르크보다 늦게 1954년 노벨 물리학상을 수상한다. 하이젠베르크는 1932년 노벨 물리학상을 받는다.

하이젠베르크의 양자 혁명은 1925년에 시작된다.

하이젠베르크는 그해 봄과 여름 사이에 알레르기성 비염인 고초열에 시달렸다. 비염이 어찌나 심했던지 얼굴이 퉁퉁 부었다. 하이젠베르크는 독일 북쪽 연안, 북해의 맑은 바람이 부는 자그마한 섬 헬고란트로 2주간 요양을 떠났다.

하이젠베르크는 원자 내부의 관측 불가능하다고 여겨지는 변수를 관측 가능한 변수로 바꾸는 시도를 했다. 만만한 작업이 아니었다. 밤을 지새우며 연구에 몰입했고 결과물을 얻었다. 그런데 요상했다. 기호와 숫자가 바둑판 모양으로 나열돼 있었다. 하이젠베르크는 숫자와 기호를 더해 보기도 하고 곱해 보기도 했다. 여러 답이 나왔다. 이 답들이 물리학적으로 가치가 있는지 없는지, 있다면 어떤 의미를 담고 있는지 판단해야 했다. 이것이 위대한 물리학자이냐 아니냐를 판가름하는 진정한 잣대이다.

하이젠베르크가 발견한 기호와 숫자의 나열 형태가 수학에 있다. 수학자들은 이것을 행렬이라고 부른다. 하이젠베르크가 얻은 결과를 그래서 행렬역학이라고 부른다. 하이젠베르크는 행렬역학이 원자 내부를 설명하는 중요한 이론이라는 걸 입증했다.

행렬역학의 발견으로 양자론은 한 단계 높은 경지로 들어섰다. 하이젠베르크는 1932년에 노벨물리학상을 수상했다. 양자역학의 발전에 기여한 공로였다. 이러한 공로에는 행렬역학의 발견뿐만 아니라 불확정성 원리의 발견도 포함된다. 불확정성 원리는 하이젠베르크가 1927년에 발견한 원리로, 양자 세상의 측정에는 근원적인 오차가 필연적으로 생길 수밖에 없다는 것이다.

5. 드브로이와 물질파

늦깎이 물리학도

빛은 일상적인 시각에선 물결처럼 움직인다. 파동처럼 행동한다는 얘기이다. 이는 전자기파가 명징하게 대변해 준다.

그러나 양자 세상으로 들어가면 돌변한다. 빛은 광양자로 이루어져 있다. 원자 세계에선 입자처럼 행동한다는 얘기다. 이는 플랑크와 아인슈타인, 보어와 하이젠베르크를 거치며 공고해진 사실이다.

한 걸음 더 나아가, 이런 의문을 던져 보는 것은 어떨까?

> 일상의 통념이 먹히지 않는 미시세계에선 요상한 일이 벌어진다. 파동처럼 보이는 빛이 입자처럼 행동하니까.
> 그렇다면 양자적 시각에선 거꾸로 물질이 파동처럼 행동할 수 있다고 볼 수는 없을까?

이런 의문을 실제로 품은 물리학자가 있었다. 루이 드브로이(Louis de Broglie, 1892~1987)이다.

드브로이는 프랑스의 브로이 공작의 5남매의 막내로 태어났다. 그는 인문학에 관심이 많아 소르본 대학교에서 중세사와 법학을 공부했다. 드브로이의 꿈은 이때까지만 해도 프랑스 관료 사회로 진출하는 것이었다. 그러나 물리학을 전공한 친형 모리스(Maurice de Broglie, 1875~1960)의 영향으로 늦깎이로 물리학에 입문했다.

모리스 드브로이는 X선 분광학에 관심이 컸으나 아버지가 1906년에

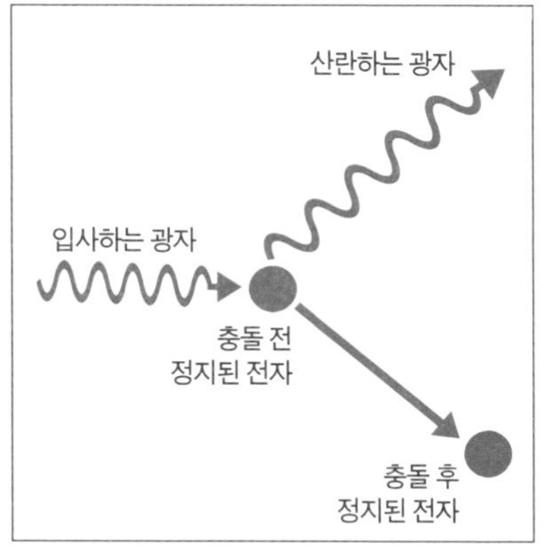

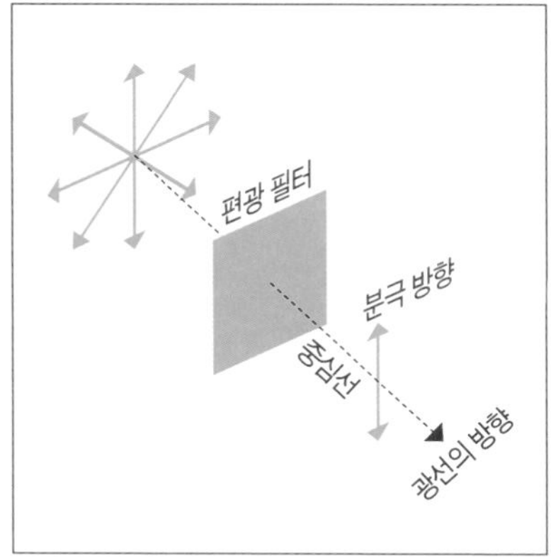

빛은 입자일 뿐만 아니라 파동(횡파)이기도 하다는 것을 보여 주는 콤프턴 효과와 편광 효과

사망해 공작 작위를 물려받으면서 실험물리학자로서 경력을 화려하게 꽃피우지 못했다. 모리스는 루이와 대화를 나눌 때면 상대성이론과 양자론에 대해 설명했고, 루이는 물리학에 점점 매력을 느끼다 파리 대학교에서 물리학을 전공했다. 모리스의 못다 이룬 저명한 물리학자의 꿈은 이제 루이의 몫으로 남겨졌다.

물질파

루이 드브로이는 1913년 파리 대학교 물리학과를 졸업하고 1년 남짓 복무하기 위해 군대에 들어갔다. 제대할 무렵 제1차 세계대전이 발발해 군복무 기간이 계속 이어졌다. 드브로이는 에펠탑에 올라 무전을 송수신하는 업무를 맡았는데 시간이 날 때면 전자기학 서적을 들춰 가며 전자기파를 공부했다. 드브로이와 파동의 인연은 이렇게 맺어졌다.

1923년 드브로이는 양자론의 발전에 큰 기여를 하는 사고思考를 한다.

양자 세상은 요상한 곳이다. 상식이 통하지 않는 세상이다.

일상에서 빛은 파동이지만, 양자 세상에선 입자다. 파동이 입자가 되는 것이다.

그렇다면 양자 세상에선 입자가 파동으로 변하진 않을까? 전자 같은 입자가 파동의 양상을 띠는 건 아닐까?

1923년 10월, 드브로이는 이러한 사고실험의 결과물을 세 편의 논문으로 나누어 프랑스 물리학회지에 발표했다. 그리고 이를 한데 모아 파리 대학교 물리학과의 박사학위 논문으로 제출했다.

랑주뱅(Paul Langevin, 1872~1946) 교수는 드브로이의 논문을 받아들고 당황했다. 논문을 이끌어 가는 논리가 너무나 파격적이었다. 랑주뱅은 베를린 대학교의 아인슈타인에게 전화를 걸어 자문했고, 아인슈타인은 통화 끝에 "자세히 읽어 볼 가치가 충분한 논문이니 우편으로 보내 달라"고 했다.

아인슈타인은 논문을 읽고 랑주뱅에게 전했다.

"루이 드브로이의 연구 결과는 물리학에 드리우고 있는 커다란 장막을 걷어 내는 큰 업적이 될 것 같습니다."

아인슈타인의 답장을 받은 랑주뱅은 고무되었고, 1924년 11월 드브로이의 박사학위 논문을 통과시켰다.

1924년 12월 아인슈타인은 로렌츠(Hendrik Lorentz, 1853~1928)에게 드브로이의 논문을 극찬하는 편지를 보냈다. 로렌츠는 네덜란드의 물리학자로 1902년 노벨 물리학상을 수상한 인물이다.

> 최근에 프랑스의 루이 드브로이라는 청년이 양자 법칙과 관련된 매우 인상적인 결과를 얻어 냈습니다. 나는 그의 이론이 물리학사에서 난제로 꼽힌 수수께끼를 푸는 단초를 제공할 거라고 봅니다.

드브로이의 논문으로 파동과 입자의 이중성은 확고해졌다. 자연의 본바탕에는 파동이 입자가 되고 입자가 파동이 되는 양자 세상이 자리하고 있었던 것이다.

6. 슈뢰딩거와 파동방정식

인연 깊은 장소

양자 세계의 파동성은 오스트리아의 물리학자 슈뢰딩거(Erwin Schrödinger, 1887~1961)가 더욱 확고히 다졌다.

슈뢰딩거는 1910년 오스트리아 빈 대학교 물리학과에서 박사과정을 마치고 1년 남짓 군 복무를 마쳤다. 제대 후에 곧바로 대학으로 돌아왔으나 1914년에 제1차 세계대전이 발발하여 포병장교로 참전했다. 1917년 빈 대학교로 다시 돌아와 부교수까지 승진했고, 1921년 스위스의 취리히 대학교로 옮겨 이론물리학 정교수가 되었다.

스위스는 슈뢰딩거에게 잊을 수 없는 곳이고, 물리학의 역사에 기념비적인 획을 그은 장소이다.

슈뢰딩거는 취리히 대학교의 정교수에 취임한 지 몇 달 후 폐결핵

진단을 받았다. 의사는 공기 좋은 곳에서 요양할 것을 권했다. 슈뢰딩거는 스위스 다보스 인근에 거처를 구해 9개월 남짓 머무르며 건강을 회복했다.

슈뢰딩거는 1922년이 끝나갈 즈음에 취리히 대학교에 복귀해 강의와 연구로 빠듯한 나날을 보냈다. 그러나 건강이 여전히 문제였다. 폐결핵에 걸렸던 몸인지라 조금만 무리하면 쉬이 피로를 느꼈다. 30대 중반에 이른 나이를 고려하면 연구에 박차를 가해야 하는데 몸이 이를 허락지 않는 것이다. 아인슈타인이건 하이젠베르크이건 양자론의 발전에 기여한 물리학자들은 대부분 20대에 걸출한 논문을 내놓았다. 슈뢰딩거는 1923년 단 한 편의 연구논문도 세상에 내놓지 못했다. 초조하지 않을 수 없었다.

1924년 슈뢰딩거는 마음을 다잡고 연구에 매진했고, 1925년 11월에는 아인슈타인에게 양자 세계의 파동성에 관한 편지를 보낼 만큼 연구 의욕을 끌어올렸다.

> 저는 1922년에 전자 궤도에 관한 논문을 발표한 적이 있습니다. 제 논문은 원자 세계의 파동성을 강조하고 있지만, 루이 드브로이의 논문은 제 것보다 훨씬 포괄적이면서 중요한 가치를 지닌 것 같습니다.

20여 일 후 파동성을 주제로 한 세미나가 열렸고, 슈뢰딩거는 그 자리에서 양자 세상에서 파동의 중요성을 절절히 느끼고 깨달았다.

'전자의 파동성을 다루려면 이를 멋지게 표현할 수 있는 파동방정식

이 반드시 필요하다.'

다시 한 달이 흘렀다. 1925년의 크리스마스가 며칠 안 남았다. 슈뢰딩거는 요양하며 폐결핵을 고친 인연 깊은 곳으로 연구 노트와 드브로이의 논문을 들고 보름 남짓한 여행을 떠났다.

파동방정식

슈뢰딩거는 사고했다.

> 전자는 원자 내부에서 빠르게 움직인다.
> 그러나 전제가 따른다.
> 아인슈타인의 특수상대성이론에 따라 광속을 넘어선 안 된다.
> 전자의 파동방정식은 특수상대성을 위반하지 않는 범위 내에서
> 다루고 완성되어야 한다.

슈뢰딩거는 방정식을 풀어 나갔다. 미분방정식이었다. 방정식의 풀이 과정은 복잡했다. 이는 슈뢰딩거가 크리스마스가 지난 12월 27일 빌헬름 빈에게 보낸 편지에 잘 드러나 있다.

> 빈 교수님께,
>
> 요즘 저는 새로운 원자이론과 치열한 싸움을 벌이고 있습니다.
> 제가 수학을 잘했더라면 얼마나 좋았을까 하는 생각을 수시로
> 하고 있습니다. 일단 지금까지 얻은 결과는 흡족합니다. 아직은

미분방정식의 해를 완벽히 구한 것은 아니지만, 해가 나온다면 정말 아름다우리라 확신합니다. 풀이 과정이 너무 어려워서 이해하기 쉽게 다듬은 다음 세상에 내놓을 생각입니다. 당장은 수학 공부에 매진해야 할 듯싶습니다.

1926년 1월 8일 슈뢰딩거는 취리히로 돌아왔다. 조만간 세상에 내놓을 멋진 물리학적 결과를 들고서.

슈뢰딩거는 일주일 남짓 막바지 작업에 들어갔고 파동방정식의 모든 해를 매끄럽게 유도했다. 슈뢰딩거의 파동방정식이라는, 물리학의 역사를 바꿀 또 하나의 혁혁한 연구 결과가 이렇게 탄생했다.

슈뢰딩거의 파동방정식이 나오기 전까지 전자의 움직임은 오리무중이었다. 이제부턴 슈뢰딩거의 파동방정식으로 전자의 움직임을 멋지게 들여다볼 수 있게 되었다. 전자가 어느 시각에 어느 위치에 있다는 것을 훤히 알 수 있게 된 것이다. 하이젠베르크의 행렬역학과 슈뢰딩거의 파동방정식은 형태만 다를 뿐 동일하다는 사실이 밝혀졌다.

이렇게 해서 양자론은 거역할 수 없는 대세가 되었고, 그 누구도 시비를 걸어 올 수 없는 물리학의 굳건한 영역이 되었다.

제3장

원자력

20세기 현대과학의 이론이 낳은 걸출한 산물이 상대성이론과 양자론이라고 하면, 실험이 낳은 걸출한 산물은 원자력과 맨해튼 프로젝트이다. 이어지는 두 장에서 이에 대해 살펴본다. 우선 원자력이다.

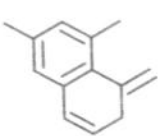

엔리코 페르미
(Enrico Fermi, 1901~1954)

1. 페르미와 저속 중성자

졸리오, 이렌 퀴리 부부와 페르미의 실험

1934년 초, 졸리오(Jean Frédéric Joliot-Curie, 1900~1958)와 이렌 퀴리(Iréne Joliot-Curie, 1897~1956) 부부가 연구 결과를 발표했다.

알파 입자로 알루미늄 원자핵을 두드리니 인(P)이 생겼다.

연금술사들이 그렇게도 이루고자 한 원소 변환을 졸리오와 이렌 퀴리 부부가 성공한 것이다.

이렌 퀴리는 퀴리 부인으로 널리 알려진 마리 퀴리(Marie Curie, 1867~1934)의 딸이다. 마리 퀴리는 1903년 노벨 물리학상과 1911년 노벨 화학상을 수상했다. 이렌 퀴리는 남편과 함께 1935년 노벨 화학상을 공동 수상한다.

러더퍼드는 현대 연금술의 포문을 연 쾌거를 이렇게 칭찬했다.

"몇 번이나 도전해 보았으나 성공하지 못한 결과를 얻어 냈군요. 두 분의 훌륭한 연구 결과를 축하합니다."

이탈리아 출신의 미국 물리학자이며 1959년 노벨 물리학상을 수상한 세그레(Emilio Gino Segre, 1905~1989)는 이렇게 평가했다.

"원소의 인공 변환을 화학적으로 증명한 최초의 성과이다."

졸리오와 이렌 퀴리 부부는 노벨상 수상 연설에서 원소 변환의 미래상을 그렸다.

"과학자들은 원소를 마음대로 조각낼 수 있을 것이며, 큰 에너지를 얻을 수 있을 것입니다."

페르미(Enrico Fermi, 1901~1954)의 책상에는 졸리오와 이렌 퀴리 부부의 논문이 실린 학술잡지가 놓여 있었다. 페르미는 1938년 노벨 물리학상을 수상한다.

'알루미늄 핵이 인으로 변하다니!'

페르미는 놀라움을 금치 못했다.

원소를 인위적으로 변환시킬 수 있다는 졸리오와 이렌 퀴리 부부의 논문은 페르미에게 강한 야망을 불러일으켰다. 페르미는 모든 원소를 점검해 보기로 했다.

원자를 조사照射할 도구는 중성자였다. 페르미는 중성자가 핵 속에 들어가 벌어질 상황을 사고했다.

중성자가 핵 안으로 들어간다.

핵 내부에 동요가 인다.

안정적이었던 상태가 흔들린다.

핵이 변할 조짐을 보인다.

요동이 격렬해진다.

격렬한 요동으로 에너지가 방출된다.

새로운 핵이 만들어진다.

페르미는 가벼운 원소부터 실험을 해 나갔다. 수소와 헬륨, 리튬과 베릴륨을 거쳐 나트륨(소듐), 아연, 안티몬(안티모니), 란탄(란타넘) 등등을 중

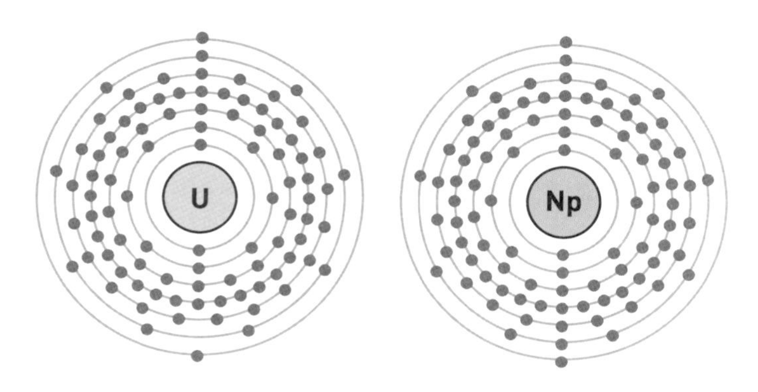

원자번호 92인 우라늄(U) 원자핵에 중성자를 쏘아 원자번호 93 넵투늄(Np)을 얻을 수 있다.

성자로 조사했다.

다음은 천연으로 존재하는 가장 무거운 원소인 우라늄(원자번호 92)이다. 페르미는 실험에 앞서 결과를 예측해 보았다.

> 중성자가 우라늄 원자핵으로 들어간다.
> 우라늄 원자핵이 무거워진다.
> 우라늄보다 무거운 원소가 탄생한다.
> 이는 우라늄보다 원자번호가 하나 더 큰 원소다.
> 93번 원소가 만들어진 것이다.

페르미는 우라늄에 중성자를 쏘았다. 여러 종류의 원소가 검출됐으나 93번 원소가 생겼는지는 장담할 수 없었다. 우라늄(92번)일 수도 있고, 미지의 93번 원소일 수도 있고, 또 다른 원소일 수도 있었다. 확인이 필요했다. 화학적 원소 분석이 이어졌다. 우라늄은 아니었다. 91번 프로트악티늄도 아니었고, 90번 토륨도 아니었고, 89번 악티늄도 아니었다. 88번 라듐도 아니었고, 87번 프랑슘도 아니었고, 86번 라돈도 아니었다. 페르미의 안면에 흡족한 미소가 번졌다. 페르미는 새로이 생성된 원소가 우라늄보다 무거운 원소일 가능성이 높다고 보았다.

페르미 실험에 대한 반박

페르미의 믿음과는 달리 과학자들은 페르미의 생각에 동의하지 않았다. 카이저빌헬름 연구소에서 반박 글을 내놓았다.

> 페르미가 중성자로 우라늄을 때려 만들었다고 주장한 원소는 원자번호 91번인 프로트악티늄이지, 우라늄보다 무거운 원소는 아니다.

1935년 초 페르미는 미확인 원소가 프로트악티늄일 가능성을 배제하지 않은 채 다시 검증에 들어갔다. 결과는 다르지 않았다. 프로트악티늄일 가능성은 거의 없었다. 페르미는 이 결과를 1935년 2월 영국 왕립협회지에 발표했다.

> 중성자의 우라늄 포격으로 생겨난 원소는 초우라늄 원소일 가능성이 높다고 확신한다. 미확인 원소는 93번과 94번 원소일 것으로 여겨진다.

이에 대한 반박이 1934년 9월에 나왔다. 독일의 여성 화학자 노다크

(Ida Tacke Noddack, 1896~1979)가 주인공이다. 그녀는 75번 원소인 레늄을 발견한 화학자이다. 노다크의 반박은 거셌다.

> 페르미의 확인 방법은 타당하다고 볼 수 없다. 페르미는 미지의 원소가 프로트악티늄이 아니고 우라늄의 주변 물질도 아니라고 했다. 그는 원자번호 82번인 납에서 확인 실험을 끝냈다. 왜 거기서 실험을 중단해야 했는지 논리적인 근거를 충분히 대지 않은 채 실험을 끝냈다. 원소 붕괴가 납에서 끝난다는 생각은 옳지 않다는 것이 졸리오와 이렌 퀴리 부부의 인공방사선 실험으로 확인됐다. 페르미는 모든 원소와 비교실험을 해 봤어야 한다.

이어지는 노다크의 반박문에 혁신적인 발상이 들어 있다.

> 중성자 충돌로 초우라늄 원소가 생겼다고 보는 대신, 새로운 핵반응이 관여했다고 볼 수 있지 않을까? 예전에는 이웃한 원소들만 원소 변환이 가능하다고 여겼지만 이젠 그렇게 보아선 안 된다고 생각한다. 우라늄처럼 무거운 원자핵은 중성자와 충돌해 여러 조각으로 부서진다고 상상해 볼 수는 없을까? 파편은 우라늄보다 월등히 가벼운 원소가 될 수 있을 것이다.

노다크는 원자핵이 다른 원자핵으로 변환하는 게 아니라 두 동강 나는 가능성을 지적하고 있었다.

페르미는 노다크의 주장에 귀 기울이지 않았다. 그때까지 원자핵이 두 동강 났다는 실험 결과는 없었다.

저속 중성자

페르미는 원소에 중성자를 쬐며 특이한 현상을 발견했다. 방사능 세기가 환경에 따라 변하는 것이었다. 나무 책상과 대리석 책상에서 실험할 때 방출되는 방사능의 세기가 달랐다. 페르미는 생각했다.

'원소 앞에 물질을 놓고 중성자를 쪼이면 어떤 결과가 나올까? 무거운 원소가 생길까, 가벼운 원소가 생길까, 아무 변화가 없을까?"

페르미는 파라핀을 놓고 실험했다. 방사능이 엄청나게 나왔다. 방사능 수치가 열 배는 보통이고 백 배까지 증가했다.

페르미는 왜 이런 결과가 나왔는지 골똘히 생각했다.

> 중성자가 파라핀을 통과한다. 파라핀은 탄소와 수소의 결합체이다.
>
> 수소라—?
>
> 수소 원자핵은 중성자와 크기뿐만 아니라 질량도 비슷하다. 일란성 쌍둥이라고 보아도 무방하다.
>
> 이런 중성자가 파라핀 속 수소 원자핵과 충돌하면, 몸집이 비슷하니 에너지를 많이 잃을 것이다.
>
> 에너지를 많이 소모했으니 속도는 현저히 줄 것이다. 저속 중성자가 되는 것이다.
>
> 저속 중성자는 속도가 느리니 수소 핵 주위에 머무는 시간이 길다. 핵과 접촉하는 시간이 증가하는 것이다. 핵과 중성자와 반응

확률이 높아지는 것이다.

방사선 방출량이 높을 수밖에 없는 이유다.

페르미가 저속 중성자 효과를 밝히기 전까지 과학자들의 시선은 온통 고속 중성자에 가 있었다. 중성자 속도가 빠를수록 핵과의 반응 확률이 높을 거라고 보았던 것이다.

페르미 자신은 저속 중성자의 발견을 "이는 내 생애에서 가장 중요한 발견이었다"라고 평가했다.

페르미는 이와 관련된 특허를 냈다. 핵과 관련된 대부분의 상업적 성취는 이와 직간접적으로 연결돼 있다.

저속 중성자 효과가 수소 원자핵 때문인지는 수소가 듬뿍 들어 있는 물질로 검증해 볼 수 있다. 수소를 다량 포함한 대표적 물질이 물이다. 페르미는 물로 검증 실험을 했다. 저속 중성자 효과가 확실히 나타났다.

저속 중성자로 원자핵을 멋지게 교란시킬 수 있다.

저속 중성자는 핵을 쉽게 다룰 수 있는 길을 열어 주었다.

2. 우라늄 원자핵 분열

한과 슈트라스만의 실험

핵이 붕괴할 가능성이 있다는 노다크의 지적은 이렌 퀴리의 실험에서 확인되었다.

1938년 9월 이렌 퀴리는 우라늄 붕괴 결과를 발표했다.

> 중성자로 우라늄을 쏘자 물질이 생겨났다. 이는 원자번호 57번 인 란타넘일 가능성이 높다.

한(Otto Hahn, 1879~1968)은 논문을 읽고 깜짝 놀랐다. 한은 1944년 노벨 화학상을 수상한다.

'어떻게 원자번호 92번인 우라늄이 원자번호가 35단계나 낮은 원소로 바뀔 수가 있는 거지?'

한은 슈트라스만(Fritz Strassmann, 1902~1980)에게 논문을 검토해 보라고 했다. 슈트라스만은 가능성이 전혀 없는 건 아닐 수 있다는 의견을 내놓았다. 한은 슈트라스만의 생각에 동의하지 않았지만, 무작정 부정할 필요도 없었다. 실험으로 확인해 보면 되니까.

한과 슈트라스만은 정열적으로 실험에 임했고, 1938년 12월 17일 실험 결과가 나왔다.

> 붕괴 물질의 질량은 우라늄의 절반쯤이었고, 원소의 성질은 원자번호 57번 란타넘(La)보다 56번인 바륨(Ba)과 같아 보인다.

한과 슈트라스만은 결과에 당혹스러워하면서 한편 기뻐했다. 한은 1938년 12월 19일 스웨덴에 머물고 있는 마이트너(Lise Meitner, 1878~1968)에게 이 사실을 편지로 알렸다.

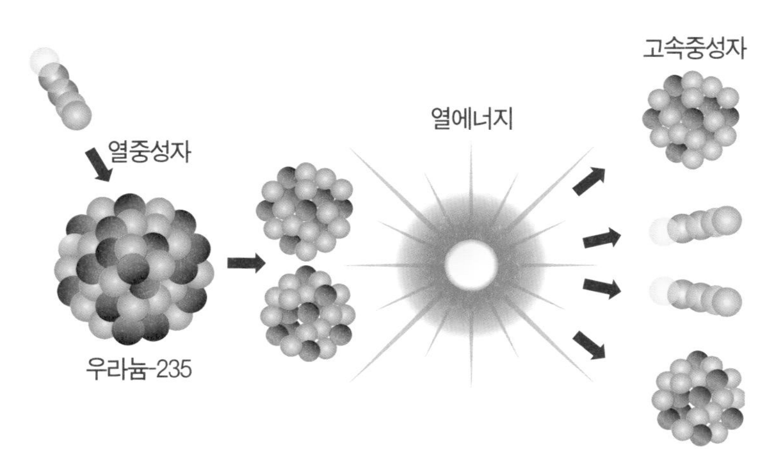

우라늄의 핵분열. 우라늄 235가 중성자를 흡수하면 원자핵이 2개로 분열되면서 많은 열과 함께 중성자를 방출한다.

우리는 뜻밖의 결과를 얻었습니다. 우라늄 붕괴로 바륨 같은 물질이 생긴 것 같습니다. 이를 분리하는 과정은 문제가 없었습니다. 당신이 이 결과를 훌륭히 설명해 줄 거라 믿어 의심치 않습니다. 바륨 발견 소식은 슈트라스만과 나 그리고 당신 이렇게 셋만 알고 있는 사실입니다.

마이트너와 프리슈의 해석

1938년 12월 23일 이른 아침, 마이트너는 스톡홀름을 떠나 예테보리 항구에 인접한 아름다운 마을로 향했다. 지인知人과 언니의 아들인 프리슈(Otto Robert Frisch, 1904~1979)와 함께 크리스마스를 보내기 위해서였다. 프리슈는 히틀러 정권을 피해 코펜하겐의 보어 연구소에 몸담고 있었다.

크리스마스 전날 아침, 마이트너가 프리슈에게 한이 보낸 편지를 건

냈다. 프리슈의 눈길이 바륨이란 단어에서 멈추었다.

"실험에 착오가 있었던 게 아닐까요?"

"난 그렇게 생각지 않아. 한은 화학적 분석 능력은 탁월한 사람이거든."

마이트너와 프리슈는 숲으로 난 길을 걸었다.

"바륨이 어떻게 생겨났을까?"

마이트너가 입을 열었다.

"제 생각은 변함이 없어요, 이모."

"우라늄 핵이 두 동강 나듯 쪼개졌다면 가능한 일 아닐까?"

"그렇다면야 가능하겠지만, 아직까지 그런 결과는 보고된 적이 없거든요."

"지금까지 밝혀지지 않았다고 그런 일이 불가능하다고 보는 것도 바람직한 태도는 아니지 않을까?"

"한의 실험이 옳다면 우리가 알고 있는 원소 변환에 대한 이론이 완전히 틀렸다는 건데요."

"한이 흥분한 이유가 그것 때문이잖아."

"전 여전히 수용하기가 어려워요. 중성자가 우라늄 핵으로 들어가 핵을 두 동강 낸다는 것이 가능한 일일까요? 상식적으로 납득이 안 가는 일이에요, 이모."

"중성자 하나만 따지면 그렇게 볼 수도 있겠지. 미약한 에너지니까. 그런데 우라늄 원자핵이 안정한 상태가 아니라면 가능한 얘기라고 볼 수 있지 않을까?"

"일리 있는 추론이네요."

"원자핵이 두 동강 나려면 부드러울수록 좋을 거야."

"보어의 핵 모델이 부드러운 원자핵을 설명하죠."

"맞아, 보어가 액체 방울 모델을 제안했지. 그걸 이 상황에 적용해 보면 어떨까 싶어."

보어는 1937년에 핵이 물방울처럼 되어 있다는 핵 모형을 제안했다. 마이트너와 프리슈는 이걸 떠올린 것이다.

마이트너가 종이에 동그라미를 그렸다. 이모의 그림이 마음에 안 들었는지 프리슈가 다시 그렸다. 아령 모양이었다.

"이 가운데를 누르면 중심은 홀쭉해지고 양끝은 부풀어 오르는 모양이 될 거예요."

"맞아, 이 형태야!"

"중성자가 우라늄 원자핵을 이렇게만 변형시켜 준다면 답은 나왔네요."

"원자핵 가운데가 갈라지면서 두 쪽이 나는 거지."

"한이 옳았네요."

"이런 상황을 만드는 데 에너지가 얼마나 들까?"

마이트너는 그전 1909년 오스트리아 잘츠부르크에서 개최된 물리학회에서 아인슈타인을 만난 적이 있다. 아인슈타인은 상대성이론에 대한 전반적인 내용을 설명하며 질량을 에너지로 환산하는 공식을 소개했다.

"아인슈타인은 미미한 질량 차이에서도 광속도의 도움을 받으면 엄청난 에너지가 나올 수 있다고 했어."

"검증이 끝나지 않은 공식을 적용해도 될까요?"

"아인슈타인이 내놓은 공식이니 적용해 볼 가치는 충분하다고 생각하는데."

마이트너와 프리슈는 계산에 들어갔다. 양성자의 5분의 1에 해당하는 질량 차이가 나왔다. 이 값을 아인슈타인의 질량·에너지 등가 공식($E=MC^2$)에 대입해 에너지를 구했다. 2억 전자볼트(eV)가 나왔다.

"하나의 우라늄 원자핵이 붕괴할 때 2억 전자볼트가 나온다는 얘기네요."

프리슈가 황급히 말을 이었다.

"우라늄 0.01그램에는 2,500경京개란 어마어마한 우라늄 핵이 들어 있으니, 2억 전자볼트 곱하기 2,500경을 하면—"

프리슈가 놀란 얼굴로 마이트너를 바라보았다.

"우라늄 0.01그램이 붕괴할 때 나오는 에너지가 이 정도이니, 당구공만 한 우라늄이 터지면—"

마이트너는 벌어진 입을 다물지 못했다.

분열(fission)과 확인

1939년 1월 3일, 프리슈는 코펜하겐에서 보어를 만났다. 프리슈는 작년 연말 이모와 숨 가쁘게 나누었던 일련의 사건을 보어에게 이야기했고 보어는 놀라워했다. 프리슈는 이 사실을 마이트너에게 알렸다.

"보어가 우라늄 원자핵 붕괴에 대한 우리 해석을 인정했어요."

보어는 프린스턴 고등학술연구원(Institute for Advanced Study)의 초청을 받아 미국으로 떠났다.

1월 6일, 한과 슈트라스만의 논문이 독일에서 발간되었고, 이튿날 코펜하겐에 논문이 도착했다. 프리슈는 논문을 꼼꼼히 읽은 다음 실험 준비에 들어갔다.

1월 13일, 프리슈는 한과 슈트라스만의 실험 결과를 확인했다. 프리슈는 이 사실을 보어의 코펜하겐 연구소에서 공개했다. 역사적인 순간을 보러 온 학자 중에 생물학자가 있었다.

"생물학 연구실에 계시지요?"

"예."

"생물학에선 박테리아가 둘로 갈라지는 현상을 어떻게 부릅니까?"

"이분법(binary fission)이라 합니다."

프리슈가 잠시 생각하는가 싶더니 물었다.

"둘(binary)이란 용어는 빼고, 분열(fission)이라고 해도 괜찮을까요?"

"상관없습니다."

이렇게 해서 원자핵이 부서지는 과정에 '분열'이란 용어가 사용되었다.

1월 16일, 보어가 미국에 도착했다. 페르미 부부와 휠러(John Archibald Wheeler, 1911~2008)가 보어를 마중했다. 휠러는 몇 년 전 코펜하겐 연구소에서 보어와 함께 지낸 적이 있었다. 휠러는 블랙홀의 최초 명명자이다.

보어는 페르미를 따라 뉴욕을 둘러보았다. 보어는 뉴욕을 둘러보는 내내 한이 우라늄 핵분열을 성공시켰고 마이트너와 프리슈가 이를 옳게 해석해 냈다는 사실을 일절 언급하지 않았다. 그러나 보어와 동행한 로젠펠트(Leon Rosenfeld, 1904~1974)는 달랐다. 휠러에게 흥분 어린 음성으로 전부 말해 버렸다. 예상치 못한 뜻밖의 소식을 접한 휠러는 1월 16일 프린스턴 대학교의 저녁 모임 자리에서 낮에 들은 사실을 꺼내 놓았다.

1월 25일, 페르미 연구진은 컬럼비아 대학교에서 우라늄 핵분열 확인 실험을 준비했다. 페르미는 워싱턴에서 열리는 학회에 참석하기 위해 떠났고, 앤더슨(Herbert Anderson, 1914~1988)이 실험에 참여했다. 실험은 기대대로 훌륭했다. 미국에서 우라늄 핵붕괴 현상을 확인한 최초의 실험이었다.

워싱턴 학회. 보어가 학회 진행을 맡은 가모브(George Gamow, 1904~1968)에게 속삭이듯 말을 건넸다.

"중성자로 우라늄 핵을 깰 수 있다는 사실이 밝혀졌습니다."

러시아 출신인 가모브는 대폭발(빅뱅) 이론의 창시자로, 1933년 10월 벨기에 브뤼셀에서 열린 솔베이 학회를 마치고 미국으로 망명했다. 놀란 가모브가 텔러(Edward Teller, 1908~2003)에게 조용히 이 말을 전했다.

"보어가 지금 미친 소리를 했다."

텔러는 수소폭탄의 연구와 개발을 총지휘한 인물로, 수소폭탄의 아버지로 불린다.

가모브가 텔러에게 전한 짧은 이 한 문장으로 우라늄 원자핵을 두 동강 낸다는 것이 얼마나 큰 사건이었는지 엿볼 수 있다.

가모브가 보어를 소개하며 학회가 시작됐다.

"한과 슈트라스만이 우라늄 핵붕괴 현상을 발견했고, 마이트너와 프리슈가 이에 대한 물리학적 해석을 했습니다."

보어에 이어 페르미가 부가 설명을 이어 갔다. 뒷좌석에 앉아 있던 로버츠(Richard Brooke Roberts, 1910~1980)가 페르미의 설명이 끝나자 회의장을 빠져나와 실험실로 향했다.

실험은 대성공이었다. 보어와 페르미가 연락을 받고 로버트의 실험실로 내려왔다.

워싱턴 학회를 취재하러 온 기자가 1939년 1월 28일 밤에 일어난 이

사건을 〈워싱턴 이브닝 스타〉지에 실었다. 이를 AP 통신이 타전했고, 〈뉴욕 타임스〉가 요약 기사를 냈다.

이 소식이 미국 서부에 알려진 것은 〈샌프란시스코 크로니클〉지가 보도하면서였다. 버클리에서 이발을 하다 이 기사를 본 앨버레즈(Luis Walter Alvarez, 1911~1988)가 이발소를 박차고 나와 실험실로 향했다. 그는 1968년 노벨 물리학상 수상자이다. 앨버레즈와 연구원들은 우라늄 붕괴로 나타나는 또 다른 변환 과정을 발견했다. 바륨(원자번호 56번)보다 가벼운 텔루륨(52번)으로 우라늄이 쪼개지는 현상을 발견한 것이다. 앨버레즈는 이 소식을 가모브에게 전했다.

"우리 실험실에서 굉장히 중요한 발견을 했습니다. 이리로 오실 수 있겠어요?"

앨버레즈가 오펜하이머(Julius Robert Oppenheimer, 1904~1967)를 불렀다. 오펜하이머는 몇 년 후 맨해튼 프로젝트(제4장)의 연구 총책임자가 된다. 오펜하이머가 실험실로 왔다.

"이 펄스가 우라늄이 붕괴하고 있다는 증거입니다."

앨버레즈가 측정기기에 그려진 파형을 가리켰다.

"명백한 핵붕괴로군요."

오펜하이머는 앨버레즈의 실험 결과에 고무되어 있었다.

연쇄반응과 2차 중성자

우라늄 핵붕괴는 부정할 수 없는 현실이 되었다.

우라늄에서 나온 에너지를 이용할 수 있으려면 연쇄반응이 가능해야 한다. 페르미가 연쇄반응의 가능성을 찾는 실험에 착수했다.

연쇄반응 성공 여부는 2차 중성자의 개수에 달려 있었다. 2차 중성자란 저속 중성자 하나와 반응한 우라늄 원자핵이 다시 내놓는 중성자이다. 이 생성 비율이 두 개 이상이 되지 못하면 연쇄반응 효과가 이어지길 기대하긴 어렵다.

실험 준비는 끝났다. 스위치를 켜고 스크린을 쳐다보는 일만 남았다. 스크린에 불빛이 번쩍이면 2차 중성자가 생긴 것이다. 페르미는 초조한 눈빛으로 스크린을 응시했다. 섬광이 번쩍했다. 2차 중성자가 방출된 것이다. 페르미는 2차 중성자의 생성 비율을 계산했다. 만족스러웠다. 연쇄반응이 일어날 수 있을 만큼의 2차 중성자가 확인된 것이다.

3. 시카고 실험

페르미 파일

1941년의 늦여름. 페르미는 컬럼비아 대학교 실험실에서 우라늄과 흑연을 이용한 핵분열 실험 준비에 들어갔다.

페르미가 사고한다.

> 핵반응을 이어 가려면 우라늄을 쌓아야 한다. 2차 중성자를 계속 방출시키기 위해서다.
> 그렇다고 우라늄을 한없이 쌓을 수는 없다. 핵에너지의 과도한 방출이 야기돼서다.
> 돌이킬 수 없는 재앙은 안 된다. 중성자를 제어하는 물질이 필요

하다.

우라늄이 많으면 2차 중성자가 많아질 테니까, 제어 물질은 우라늄 양에 비례해 그만큼 더 필요할 것이다.

구체적인 데이터가 필요했다. 어떤 물질이 중성자를 잘 흡수하는지, 물질 순도에 따라 중성자 흡수율은 어떻게 변하는지, 우라늄을 얼마나 쌓아야 연쇄반응이 임계상태에 이르는지, 제어 물질은 얼마나 필요한지 등을 세심히 알아야 했다. 가볍게 흘려 넘기는 수치가 큰 재앙을 몰고 올 수 있었다.

페르미와 연구진은 실험을 통해 한 단계 한 단계 조정해 나갔다. 앞 실험의 데이터가 다음 실험의 중요한 발판이 되었다.

벽돌처럼 쌓아 올린 우라늄층은 실험이 진행될수록 높아졌다. 페르미는 이 구조물이 차곡차곡 쌓아 올린 더미 모양 같다고 파일(pile)이라 불렀다. 페르미 파일은 요즘 용어로 부르면 원자로였다.

페르미는 연쇄반응의 지속성 여부를 결정하는 수치 측정에 심혈을 기울였다. 수치가 1보다 크면 2차 중성자가 증가하며 연쇄반응이 지속되겠지만, 1보다 작으면 2차 중성자가 줄어들면서 연쇄반응은 멈출 것이다. 1은 페르미가 계산한 핵분열 방정식의 중성자 재생산 인자이다. 중성자 측정은 파일 곳곳에서 이루어졌다. 수치는 0.87로 나왔다. 이대로는 연쇄반응이 불가능했다. 핵분열을 지속시키기 위해선 수치를 0.13 이상 더 올릴 필요가 있었다. 순도 높은 흑연과 우라늄이 절실했으며, 중성자 흡수율이 높은 철을 파일에서 제거해야 했다.

컬럼비아에서 시카고로

콤프턴(Arthur Compton, 1892~1962)이 뉴욕의 페르미에게 전화를 걸었다. 콤프턴은 1927년 노벨 물리학상 수상자로, 시카고 대학교를 핵분열의 성지로 만들고 싶어 했다.

"시카고 대학교에서 실험을 해 주실 수 있겠습니까?"

페르미는 콤프턴의 제안을 받아들였다.

그러나 페르미가 시카고로 가는 데는 난관이 있었다. 미국은 1941년 12월 일본이 하와이의 진주만을 공습하자 제2차 세계대전에 본격적으로 뛰어들었다. 일본은 독일, 이탈리아와 손을 잡았다. 이탈리아는 미국의 적국인 셈이었다. 페르미는 미국으로 망명한 상태였지만 아직은 이탈리아인이었다. 미국인이 되려면 5년이란 기간이 필요했다. 1944년 7월이 되기 전까지 페르미는 적국인일 수밖에 없었다. 적국인은 미국 대륙 내에서 마음대로 오갈 수 없었다. 타 도시로 가려면 지방검사에게 서면으로 신고해야 했다. 적국인은 비행기도 탈 수 없어서 페르미는 1942년 4월까지 시카고와 뉴욕을 기차로 오고갔다. 적국인은 사진기와 단파 라디오도 소유할 수 없었다. 페르미는 일말의 의심조차 받지 않도록 라디오까지 고치며 최선을 다했다. 페르미 부부는 미국이 적국인의 자산을 동결할지 모른다는 걱정에 노벨상 상금을 지하실 콘크리트 바닥에 꼭꼭 숨겨 놓았다.

운이 좋았다. 콤프턴도 힘을 많이 써 주었다. 1942년 6월 말, 페르미 가족은 묻어 두었던 돈을 꺼내 시카고로 이주했다.

시카고로 옮긴 직후에도 페르미를 바라보는 미국의 태도는 달라지지 않았다. 페르미 앞으로 온 우편물은 늘 뜯어져 있었다. 페르미는 우편물 검열에 강력히 항의했다. 검열이 중단된 듯 보였으나, 아니었다. 교묘히 뜯었다가 다시 붙이거나, 봉투를 뜯지 않고 검열하는 식으로 우편물 검열은 이어졌다.

1942년 10월 12일(콜럼버스 기념일) 미국 법무장관의 발표가 있었다.

> 이탈리아는 독일이나 일본과는 다르다. 저항군(레지스탕스) 활동이 활발한 국가이다. 이탈리아인은 더 이상 적국인이 아니다.

이 선언으로 페르미는 자유로운 미국인이 되었다.

CP-1

페르미는 파일 설치 장소를 놓고 고민했다. 시카고 대학교 미식축구 경기장인 스태그필드 서쪽 스탠드 아래의 스쿼시 경기장으로 정했다.

실험에 들어갔다. 연쇄반응 수치가 컬럼비아에서 측정한 값보다 높은 0.995로 나왔다. 연구진은 고무되었다. 그러나 페르미는 신중했다. 중성자 제어가 원만하지 않아서 연쇄반응이 기하급수적으로 늘면 스쿼시 경기장은 말할 것 없고 시카고 대학교 자체가 사라져 버릴 수도 있었다. 흥분은 절대 금물이었다.

콤프턴은 이렇게 기억했다.

> 파일 속의 방사능 물질은 실로 어마어마했다. 거기서 나올 방사능을 제어하지 못하면 상상도 못 할 끔찍한 사태가 올 건 불을 보듯 뻔했다.

그만큼 중성자를 제어하는 일은 중요했다. 콤프턴은 페르미에게 제어 장치의 철저한 분석과 확인을 누차 강조했다. 페르미는 수동은 말할 것 없고 자동제어장치까지 마련했다. 만에 하나 일어날지 모를 최악의 사태에 대비한 만반의 준비였다.

콤프턴은 페르미와 연구진을 따뜻하게 독려했다.

"이 실험에 대한 책임은 전적으로 내가 질 테니 여러분은 역사적인 실험이 성공할 수 있도록 최선을 다해 주시오."

8월 중순, 1보다 큰 값을 얻었다. 우라늄의 연쇄반응이 눈앞에 아른거렸다. 수치를 좀 더 높이려는 노력이 이어졌다. 트럭으로 운반해 온 흑연과 우라늄의 순도를 검사하고, 흑연을 벽돌 모양으로 자르고 깎고 다듬어 길이를 맞추었다. 벽돌 중간에 구멍을 뚫고, 반응 효율이 좋도록 우라늄을 구형(공 모양)으로 압축했다. 24시간 풀가동 체제로 전환하기 위해 연구진을 둘로 나누었다. 한 팀은 주간반으로, 또 한 팀은 야간반으로.

11월 16일 아침, 스쿼시 경기장 바닥에 흑연 벽돌을 쌓았다. 흑연 벽돌 구멍에 압축한 우라늄 덩어리를 조심스레 채웠다. 연구진의 몰골은 광부나 다름없었다. 흑연의 검은 입자가 스쿼시 경기장 내부는 물론이고 실험복과 얼굴과 손을 새까맣게 칠해 버렸다. 중간 중간 드러나는 치아만이 예외일 뿐이었다. 그러나 불평하는 사람은 없었다.

한 연구원은 그때를 이렇게 기억했다.

시카고의 겨울은 몹시 춥지요. 스쿼시 경기장은 난방도 되지 않

> 았습니다. 실험실 문과 출입구 앞에서 경비를 서는 사람들이 꽁꽁 얼어붙을 정도였어요. 거대한 흑연과 우라늄 덩어리를 나르고 쪼개고 다듬는 일은 고된 일이었습니다. 건설 현장의 막노동과 별반 다르지 않았지요. 그런데도 불평을 하는 사람은 없었습니다. 좋아서 하는 일이었으니까요. 역사적인 실험에 동참하고 있다는 뿌듯함이 육체적 힘듦을 잊게 했거든요. 연구진 모두는 뭔가 큰일을 해내고 있다는 긍지를 느끼고 있었습니다. 페르미는 훌륭한 지도자였습니다. 그는 시카고 파일의 작동 원리를 자상히 알려 주었고, 우리는 그를 믿고 따랐습니다.

최적의 재료를 사용한다고 했는데도 흑연과 우라늄의 순도는 일정하지 않았다. 최대 효율을 끌어내기 위해 배치를 적절히 조정하는 수밖에 없었다. 벽돌 한 층을 남북 방향으로 배열하면 다음 층은 그와 직각으로 놓았다. 4미터 남짓한 제어봉이 들어갈 자리는 남겨 두며 흑연 벽돌을 쌓았다.

벽돌을 15층까지 쌓고 중성자 세기를 측정했다. 페르미는 76층까지 쌓을 생각이었으나, 중성자 수치로 보아 20층쯤 낮게 쌓아도 충분했다. 벽돌 쌓기는 57층까지 쌓는 것으로 야간조가 마무리했다. 원래 구상대로라면 구형으로 되었어야 할 페르미의 시카고 파일은 그래서 타원형이 되었다.

카드뮴 제어봉은 제자리에 잘 꽂혀 있었다. 하나만 남기고 카드뮴 제어봉을 빼내자 중성자 수가 증가하더니 연쇄반응이 임계상태 직전까지 다다랐다. 완성이었다. 높이 6미터, 폭 7미터 남짓 되는 달걀형 원자로가

최초의 원자로 CP-1

완성됐다. 이를 시카고에서 제작한 첫 번째 파일이란 의미로 CP-1(Chicago Pile-1)이라 부른다.

공개 가동일 오전

1942년 12월 2일. 세계 최초의 원자로를 공개 가동하는 역사적인 날이 밝았다.

콤프턴은 조심스런 실험을 신신당부했다. 페르미는 재앙을 방지하기 위한 세 가지 수단을 조치해 놓았다.

자동제어봉을 파일 위쪽에 설치해 놓았다. 중성자 세기가 웃돌면 모터가 자동으로 작동해 제어봉을 파일 속으로 떨어뜨릴 것이다.

다음으로 카드뮴 수용액 병을 천장에 매달았다. 자동제어봉이 제 역할을 못하는 상황이 일어나면 도끼로 밧줄을 끊어 병을 원자로 속으로 자유낙하시킬 것이다. 파일 곳곳으로 스며드는 카드뮴 용액이 연쇄반응을 멈추게 할 것이다.

마지막으로, 앞의 두 방어 수단이 불발로 끝나는 최악의 상황에 대비해 물통에 카드뮴을 가득 담아 두었다. 이도 저도 안 되는 상황이 닥치면 카드뮴을 물통채 쏟아부을 생각이었다.

실험은 계획대로 척척 진행되었다.

"제어봉을 꺼내세요."

페르미가 말했다.

연구원이 파일 속의 제어봉 하나를 꺼냈다. 페르미는 계수기에 나타난 중성자 수를 응시했다. 만족스러웠다.

페르미는 나머지 제어봉을 조심스럽게 꺼내라 지시했고, 제어봉이 하나씩 나올 때마다 페르미는 중성자 수를 확인했다. 이제 남은 제어봉은 하나뿐이다.

"반만 나오도록 들어 올리세요."

연구원이 제어봉을 천천히 들어 올렸다. 아직 임계상태에 이르지 않았다. 페르미가 중성자 증가율을 계산했다.

"15센티미터가량 더 들어 올리세요."

연구원의 손길이 떨렸다.

"중성자 세기가 증가하고 있다!"

연구원들의 시선이 온통 페르미와 중성자 검출기에 쏠렸다. 숨죽이는 시간이 일 초 일 초 흘렀다.

'중성자 수가 일정 수준 이상 증가해선 안 되는데.'

페르미는 간절히 기도했다. 중성자 방출이 끝없이 증가하면 돌이키기 어려운 사태로 이어질 것이다. 중성자 세기가 증가했다. 불안감이 실내를 감쌌다. 그러나 중성자 수는 더 이상 오르지 않고 일정 수준을 유지했다. 페르미는 측정 결과와 계산한 값을 비교해 보았다. 안면에 미소가 감돌았다. 실험은 잘 진행되고 있었다.

스쿼시 경기장 내부는 영하 20여℃에 육박하고 있었다. 그러나 누구도 추위를 느끼지 않았다. 실험이 이루어지고 있는 내내 감돈 긴장감은 그만큼 대단했다.

페르미의 지시대로 제어봉이 15센티미터씩 들리며 실험은 이어졌고, 어느 순간 중성자 세기가 가파르게 증가하는 상황이 발생했다. 연쇄반응 직전 상태에까지 이른 것이다. 카드뮴 제어봉이 자동으로 떨어졌고, 역사적인 그날의 오전 가동은 이렇게 끝났다.

공개 가동일 오후

페르미와 연구원들은 오후 2시에 다시 모였다.

"제어봉을 하나만 남기고 모두 빼내세요. 그리고 남은 제어봉을 오전의 마지막 위치까지 올리세요."

제어봉이 2미터 30여 센티미터까지 올라왔다. 페르미는 중성자 세기를 확인했다. 오전에 측정한 수치와 다르지 않았다. 연쇄반응이 일어날 수준까지 다다른 것이다.

"안전장치용 카드뮴 제어봉을 넣으세요."

중성자 수가 감소했다.

"제어봉을 30센티미터 올리세요."

제어봉의 높이를 확인한 페르미가 중성자 수를 확인하며 고개를 끄덕였다. 안전장치용 제어봉을 빼냈다. 중상자 수를 확인하는 페르미의 안면으로 미소가 잔잔히 퍼졌다. 계획대로 실험이 이어지고 있다는 뜻이었다.

콤프턴은 오전과 마찬가지로 오후에도 이 모든 과정을 페르미 옆에서 묵묵히 지켜보았다. 페르미가 콤프턴에게 고개를 돌렸다.

"곧 연쇄반응 임계상태에 이를 것입니다."

예측대로였다. 페르미가 손을 번쩍 들며 외쳤다.

"임계상태에 도달했다!"

중성자는 2분마다 배로 증가했다. 제어하지 않으면 그곳은 한 줌의 재로 변할 것이다. 초조했다. 그러나 페르미는 평온했다. 자신 있단 뜻이었다. 연구원들의 등줄기로 식은땀이 몇 번이나 흘러내리고서야 페르미가 입을 열었다.

"카드뮴 제어봉을 떨어뜨리세요."

이때가 오후 3시 53분이었다.

1963년 노벨 물리학상을 수상한 물리학자 위그너(Eugene Paul Wigner, 1902~1995)는 당시 순간을 이렇게 회상했다.

> 기대와 달리 볼거리는 없었습니다. 눈앞에서 아른아른거리는 움직임도 없었고, 원자로에서 특이한 소리가 난 것도 아니었어요.

최초의 통제된 핵분열 연쇄반응 실험 성공을 자축하기 위해 참여자들이 서명한 키안티 포도주 포장

카드뮴 제어봉을 넣자 중성자 방출 기계음마저 잦아들었어요. 오감으로 느낄 수 없는 성공이었어요. 그래서 허탈감은 의외로 컸지만, 기대대로 실험은 성공했습니다.

수년에 걸친 페르미의 땀의 결실은 이렇게 맺어졌다. 인간이 핵에너지를 통제한 첫 쾌거였다. 우라늄 연쇄반응을 이상주의자의 헛소리라고 폄하할 수 있는 사람은 이제 더 이상 없었다.

이 자리를 축하하기 위해 위그너가 가져온 이탈리아산 키안티(Chianti)를 꺼냈다. 위그너는 오후 실험이 긴장되게 이어지는 동안 포도주를 숨겨놓고 있었다. 실험이 실패하면 축배는 없던 일로 해 버릴 심산이었다. 위그너가 누런 짚바구니에 싼 포도주 병을 페르미에게 건넸다. 포도주를 따른 컵이 한 사람 한 사람에게 전해졌고 일제히 축하의 잔을

제4장

맨해튼 프로젝트와 2차대전

맨해튼 프로젝트는 20세기 과학이 일군 가장 큰 규모의 프로젝트였다. 투입한 돈도 엄청났고, 참여한 연구자도 대단했다. 20세기 과학을 일군 기라성 같은 과학자들은 다 이 연구에 직간접적으로 참여했다고 해도 과언이 아니다.

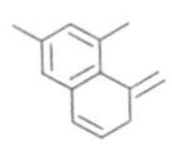

로버트 오펜하이머
(Julius Robert Oppenheimer, 1904~1967)

1. 과학자들의 대탈출

광풍의 소용돌이

제1차 세계대전은 독일의 패전으로 끝났고, 후유증이 지독했다. 독일 국민은 자포자기 상태였고 물가는 하루가 다르게 치솟았다. 1923년 초에 1달러당 1만 마르크 이하로 거래되던 환율이 연말에는 4조 마르크 이상으로 치솟았다. 달걀 한 줄을 사기 위해 천문학적인 돈을 준비해야 하는 독일 국민과는 달리 외국인은 자국 지폐 몇 장으로 충분한 위세를 부릴 수 있었다. 패전의 멍에만으로도 자존심의 상처가 상당했을 터인데 무지막지한 인플레이션은 외국인을 바라보는 독일인의 시각을 더욱 날 서게 했다. 갈수록 만연해 가는 허무와 냉소주의 밑으로 분노와 증오가 증폭, 고착되었다.

이때 등장한 인물이 히틀러(Adolf Hitler, 1889~1945)였다. 그는 독일 국민에게 미래의 희망과 세계 최고 민족이라는 자긍심을 불어넣어 줬다.

> 우리는 뭐든지 할 수 있는 민족이며, 세계에서 가장 우수한 유전자를 지니고 태어난 최우등 국민이다.

절망의 늪에 빠진 독일 국민을 건져 올리기 위해 히틀러가 선택한 방책은 성공적이었다. 그러나 이로부터 최악의 인종차별주의가 생긴 것은 불행이었다.

> 유대인은 독일인이 아니다. 교묘한 거짓말쟁이에다가 모리배에

고리대금업자이며 사기꾼이다. 유대인은 번듯한 문화 하나 갖지 못한 기생충일 뿐이다. 최악질 인종인 유대인의 씨를 지구상에서 완전히 말려 버리자!

유대인은 거리에서 뭇매를 맞았고, 유대인 법률가는 직업을 잃었고, 유대인 사업체는 문을 닫았으며, 유대인 과학자는 대학에서 자의 반 타의 반 쫓겨났다. 이를 심각하게 본 독일인 학자들이 히틀러에게 충언했다.

"유대인 학자들은 독일 과학을 지탱하는 튼튼한 한 축입니다. 그들이 떠나 버리면 독일 과학은 쇠퇴할 겁니다."

히틀러는 충고를 받아들이지 않았다.

"유대인 과학자들을 내쫓으면 독일 과학이 무너진다고요? 좋소, 그럼 과학 없이 미래를 찬연히 열어 가면 되지 않겠소."

과학 없이 미래를 연다—한마디로 말도 안 되는 소리다. 히틀러 자신이 꿈꾼 세계 정복도 과학 없인 불가능한 일이다. 히틀러는 유대인이 그냥 싫어서 그들을 몰아내고 싶었을 뿐이었다.

아인슈타인조차 이런 광풍의 소용돌이에서 자유로울 수 없었다. 아인슈타인은 몇몇 사람들에겐 눈엣가시와도 같은 존재였다. 아인슈타인과 상대성이론을 비판하는 데 앞장선 1905년 노벨 물리학상 수상자 레나르트(Philipp Eduard Anton von Lenard, 1862~1947)는 아인슈타인을 이렇게 깎아내렸다.

과학의 기초를 이루는 건 측정 가능한 경험이다. 오로지 상상력에 의지한 수학적 이론은 자연의 실재와는 거리가 먼 추상이며 가설에 불과하다. 이념이나 개념이 아닌 실험과 관측이 과학의 근간을 이루어야 한다. 자연과학에서 유대인의 악영향이 가장 두드러지게 나타난 것이 아인슈타인의 상대성이론이다. 그는 자신의 건방진 생각을 다듬지 않고 수학으로만 이론을 완성했다고 떠벌리고 다닌다. 상대성이론은 빛이 바래고 있다. 자연의 진실과는 거리가 멀어도 너무 먼 공상일 뿐이다.

아인슈타인은 결심했다.

'나는 지금 이 순간부터 베를린에서 누린 모든 권리와 직위를 포기하고, 앞으론 철새 같은 삶을 살 것이다.'

아인슈타인의 미국 이주

전쟁의 후유증을 심각히 앓고 있긴 해도 20세기 초까지 세계 물리학을 선도한 곳은 독일의 베를린이었고, 미국은 물리학의 변방이었다. 그러했던 상황이 20세기 중반으로 접어들면서 빠르게 역전되기 시작했는데, 그 중심에 아인슈타인이 있었다.

아인슈타인이 외국으로 이주를 심각히 고려하고 있다는 뜻이 알려지자 세계 유수의 대학들이 모셔 올 1순위 목록에 그를 즉각 올렸다. 무조건 와 주기만 한다면 요구 사항은 무엇이든 다 들어줄 용의가 있다는 의사를 피력하면서 말이다.

그중에 미국의 프린스턴 고등학술연구원이 있었다.

미국의 교육행정가인 플렉스너(Abraham Flexner, 1866~1959)는 연구자에게 꿈같은 공간을 프린스턴에 지을 계획이었다.

그곳은 순수한 학문의 공동체가 될 것입니다. 연구자는 외부의 티끌만 한 압력조차 받지 않을 것입니다. 지식의 영역을 넓히는 것만이 유일한 목적인 완벽히 자유로운 연구자의 세계가 될 것입니다.

학자들의 천국을 만들 재원은 이미 마련되었다. 다음은 교수진이었다. 프린스턴 고등학술연구원이 세계적인 학술연구소로 자리매김하기 위해선 세계 최고의 두뇌를 끌어와야 했다. 세기의 천재로 칭송받는 아인슈타인은 더없는 안성맞춤의 인물이 아닐 수 없었다.

1932년 초 아인슈타인은 캘텍(Caltech, 캘리포니아 공과대학)의 초청을 받아 미국에 머무르고 있었다. 플렉스너는 캘텍으로 달려가 아인슈타인을 만났다. 두 사람은 진지한 대화를 나누었다. 아인슈타인은 프린스턴 고등학술연구원으로 와 달라는 플렉스너의 제안에 부정적이지 않았다. 그러나 바로 확답을 주진 않았다.

둘은 그해 5월 영국의 옥스퍼드에서 다시 만났다.

"제가 선생님께 감히 일자리를 드리겠다고 제의하는 것은 아닙니다. 차분히 두루두루 생각해 보신 후에 프린스턴 고등학술연구원이 마음에 든다 싶은 결정이 내려지면 언제든지 연락 주시라는 뜻일 뿐입니다. 선생님이 프린스턴 고등학술연구원을 선택해 주시기만 하면 저희는 언제라도 요구하시는 조건을 기꺼이 받아들일 준비가 되어 있습니다."

"그러면 이번 여름에 독일로 한번 와 주시겠습니까?"

히틀러 집권 직전인 1932년 6월, 플렉스너는 독일로 날아가 아인슈타인을 방문했다. 아인슈타인은 두 가지 조건을 제시했다.

하나는 연봉이었다. 아인슈타인은 연봉으로 3천 달러쯤 줄 수 있겠냐 물었고, 플렉스너는 어디 그걸로 족하겠냐며 1만 달러 이상 주겠다고 했다. 과학계의 거물이 프린스턴 고등학술연구원의 제1호 교수로 오겠다고 한 결정에 대한 플렉스너의 작은 물질적 배려라면 배려였다.

또 하나의 조건은 사람이었다. 아인슈타인은 아내와 비서와 수학자 한 사람을 대동하고 싶다고 했고 플렉스너도 이의를 달지 않았다. 그러나 직급이 문제였다. 아인슈타인은 데리고 갈 수학자가 교수로 채용되길 바랐으나, 플렉스너는 아인슈타인의 연구를 도와주는 조수로 오는 건 문제가 없으나 교수로 채용하기엔 무리가 따른다고 보았다. 아인슈타인은 완강했다. 그를 교수로 받아 주지 않으면 없던 일로 할 수 있다는 의사를 강하게 표명했다.

플렉스너는 어쩔 수 없이 아인슈타인의 뜻을 받아들였고, 아인슈타인 일행은 히틀러의 탄압이 기승을 부리던 1933년 10월 17일 뉴욕에 도착했다. 아인슈타인은 머서가街 112번지 목조 가옥을 구입해 죽을 때까지 자택으로 사용했다. 아인슈타인은 다시는 독일 땅을 밟지 않았다.

아인슈타인이 삶의 터전을 미국으로 옮긴 건 상징성이 큰 의미심장한 사건이었다. 과학자들은 이를 이렇게 비유했다.

> 과학계의 교황이 미국으로 이사했다. 로마의 바티칸 궁전을 미국으로 옮긴 거나 진배없는 대사건이다.

아인슈타인이 망명하자, 명망 있는 유대인 과학자들의 미국 망명이 줄을 이었다. 자연과학의 중심지가 유럽에서 미국으로 빠르게 재편되어 갔다. 과학계의 변방에 불과했던 미국이 하루아침에 전 세계 과학계를 아우르는 메카로 자리매김하게 된 것이다.

2. 아직은 느긋한 미국

영국과 독일의 우라늄 농축

독일의 기세는 점점 거세지고 있었다. 프리슈는 이를 우려했다.

'덴마크마저 독일의 손에 들어간다면—'

프리슈는 유대인이다. 그는 강제수용소로 끌려들어 갈 자신의 처지를 걱정하지 않을 수 없었다.

프리슈는 코펜하겐에 들른 영국인 학자들에게 일자리를 알아봐 달라고 했다. 버밍엄 대학교의 물리학과장인 올리펀트(Sir Mark Oliphant, 1901~2000)가 프리슈에게 버밍엄 대학교에 자리를 얻어 주었다.

프리슈는 신변 걱정이 덜어지자 버밍엄 대학교의 페이얼스(Rudolph Peierls, 1907~1995)와 핵분열 연구를 시작했다. 페이얼스는 베를린에서 태어나 하이젠베르크 밑에서 수학하고 히틀러가 정권을 잡자 영국으로 귀화한 유대인 물리학자다. 페이얼스는 우라늄이 핵분열하기에 적절한 질량, 즉 우라늄의 임계질량을 구하는 데 관심이 있었다. 우라늄이 임계질량 이하면 중성자 수가 부족해 원자폭탄은 불발이 된다.

우라늄의 임계질량은 프랑스의 페랭(Francis Perrin, 1901~1992)이 계산해 놓은 결과가 있었다. 페랭은 1926 노벨 물리학상을 수상한 장 페랭(Jean

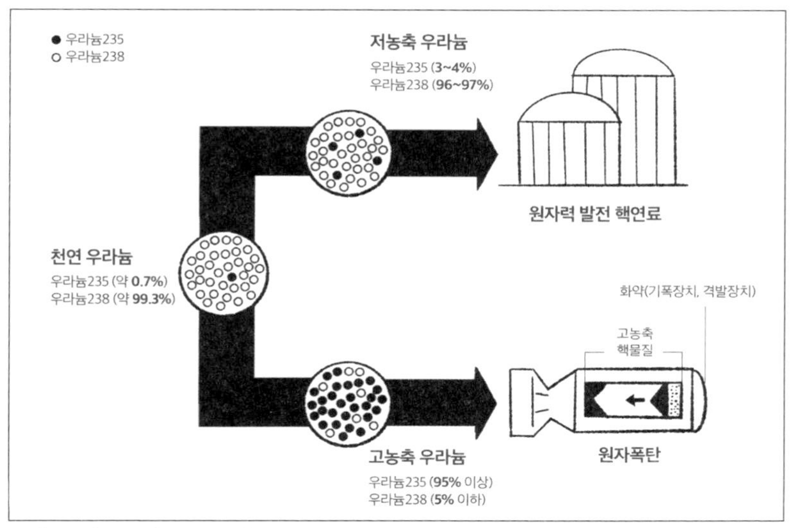

우라늄 원석은 우라늄 238이 대부분이고 우라늄 235는 약 0.7%가 들어 있다. 우라늄 235의 비율을 약 4%까지 높인 저농축 우라늄 235는 원자로에 사용하고, 95% 이상으로 높인 고농축 우라늄 238은 원자폭탄에 쓰인다. 농축 우라늄을 재처리하는 과정에서 플루토늄이 생성된다.

Baptiste Perrin, 1870~1942)의 아들이다.

페랭은 천연 우라늄으로 임계질량을 구했는데, 그 값이 44톤이라는 엄청난 양이 나왔다. 그는 천연 우라늄 주위를 차폐 물질로 가려 중성자 이탈을 막으면 임계질량을 13톤까지 줄일 수 있다고 했다. 하지만 13톤도 어마어마한 양이다. 핵분열시키는 데 이만한 천연 우라늄이 필요하다면 무기로서 실용적 가치는 없는 거나 마찬가지다.

프리슈는 천연 우라늄 대신 농축 우라늄을 사용하면 임계질량을 낮출 수 있을 거라 보고 이를 페이얼스와 논의했다. 논의 결과는 놀라웠다. 1킬로그램 내외의 농축 우라늄만 추출하면 핵분열을 일으키는 데 충분하다는 결과가 나왔다.

프리슈와 페이얼스의 관심은 농축 우라늄을 얼마나 빨리 얻느냐에 있었다. 프리슈가 이걸 계산했다. 분리관 10만 개를 사용해 0.5킬로그램의 농축 우라늄 235를 얻는 데 수 주일이면 충분했다. 프리슈와 페이얼스는 서로 얼굴을 쳐다보며 원자폭탄이 더는 꿈의 산물이 아니란 걸 직시했다.

프리슈와 페이얼스는 긴장한 눈빛으로 대화를 나눴다.

"이 사실을 묻어 버려야 하는 게 아닐까요?"

"아닙니다. 바로 알리는 게 좋을 것 같아요."

"이런 무기가 제조된다면 무수한 시민이 죽을 게 불을 보듯 뻔한데, 왜죠?"

"우리가 만들지 않는다고 묻혀 버릴 사안이 아니라는 생각이 들어섭니다. 더구나 지금은 전쟁 중이니까요."

"그렇군요. 우리가 이런 결론을 얻었다면 독일도 비슷한 결론을 도출했을 가능성이 높다고 봐야겠지요."

프리슈와 페이얼스는 황급히 올리펀트를 찾아가 얘기를 나눴다.

"나는 당신들이 얻은 결과를 신뢰할 수 있습니다. 그 과정을 꼼꼼히 정리해 정확히 기록해 주세요."

프리슈와 페이얼스는 이렇게 정리했다.

> 원자폭탄 수 킬로그램 정도면 다이너마이트 수천 톤의 위력을 낼 수 있다.
>
> 우라늄 원자폭탄은 양쪽으로 반씩 나눈 구 형태로 제조하고, 중간에 스프링을 넣어 폭발 순간에 합치는 방법이 좋을 듯하다. 반

구는 1~2초 내에 융합하고 거대한 에너지를 방출한다. 폭발 에너지 중 20퍼센트가 방사선으로 예측되는데, 폭발이 끝난 후에도 생물체에 피폭되어 장시간 치명적인 악영향을 주리라 본다. 이 재앙적인 폭탄에 대한 적절한 방어책은 없다고 보아야 할 것이다.
무기로서의 가치를 논한다면 원자폭탄은 매혹적인 무기가 아닐 수 없다. 원자폭탄의 폭발력에 버금가는 폭탄은 조만간 만들기 어려울 테고, 폭발에 견디어 낼 수 있는 물체는 상상하기 어려우니까. 폭발시 나오는 방사선은 바람을 타고 곳곳으로 흩어져 적잖은 사람이 피폭당하고 큰 피해를 볼 것이다.
독일도 이 가공할 만한 무기를 개발 중일 것으로 여겨진다. 다시 한번 강조하지만, 이에 대한 효과적 방어책은 없다고 봐야 한다. 예상 가능한 가장 효과적인 방어 수단은 이런 무기를 한시바삐 제조해 적군에 대처하는 것뿐이다.

올리펀트는 프리슈와 페이얼스가 작성한 보고서를 꼼꼼히 읽고 여러 사항을 질문한 후 자신의 생각을 추가했다.

나는 이 보고서의 세부 사항을 깊이 있게 생각했고, 그들과 심도 있는 논의를 거친 후 다음과 같이 결론 내렸다.
"이 가공할 만한 무기에 관한 문제는 시급하고도 심각하게 처리해야 한다."

올리펀트는 이 보고서를 티저드(Sir Henry Thomas Tizard, 1885~1959)에게

보냈다. 티저드는 영국 레이더 개발의 총책임자였으며 방공위원회 위원장이었다. 방공위원회는 티저드 위원회라 불리며, 과학을 전쟁에 어떻게 유효적절하게 이용할 수 있느냐를 연구하는 영국의 권위 있는 위원회다.

티저드는 보고서를 읽고 올리펀트에게 편지를 썼다.

> 우리는 위원회를 소집해 토의하고 조사해 봐야 한다는 결론을 내렸습니다.

중성자를 발견한 채드윅(James Chadwick, 1891~1974)과 러더퍼드의 제자 콕크로프트(John Douglas Cockcroft, 1897~1967)가 위원회의 중심 일원으로 참여했다. 콕크로프트는 1951년 노벨 물리학상을 수상한다.

1940년 4월 10일, 영국 우라늄위원회의 첫 모임이 왕립학회 사무실에서 열렸다. 이날의 모임에선 희망적인 그림이 그려지지 않았다.

"현재로선 원자폭탄에 대한 믿음보단 회의감이 강하게 드는 건 어쩔 수 없는 것 같습니다. 독일의 핵분열 연구를 필요 이상으로 우려하는 건 아닌지 자문해 볼 필요가 있다고 생각합니다. 그럼에도 좀 더 진지하게 고려해 볼 가치는 충분하다고 봅니다."

두 번째 위원회가 소집됐다. 프리슈가 원자폭탄은 현실적으로 가능한 무기라는 내용의 보고서를 제출했고, 채드윅이 긍정적인 뜻을 보였다. 회의 분위기는 1차 때와 판이하게 달라졌다. 우라늄위원회는 농축 우라늄 분리에 관심을 보이기 시작했다.

독일의 상황은 어떠했는가? 우라늄 연구는 순조롭고 분주히 잘 진행되고 있었으며, 우라늄 농축에 많은 관심을 기울였다.

하이젠베르크가 자신에 찬 뜻을 군에 보고했다.

"중성자 감속 물질을 충분히 공급해 주면 우라늄 원자폭탄의 생산이 가능하다고 봅니다."

NDRC와 MAUD

영국과 독일이 우라늄 핵폭탄 개발을 거의 기정사실화해 가고 있던 그즈음 미국에선 기존의 우라늄위원회를 아우르는 보다 큰 규모의 위원회를 창립시켰다. 이에 결정적인 공헌을 한 인물이 부시(Vannevar Bush, 1890~1974)였다. 부시는 메사추세츠 공과대학(MIT) 부총장 출신으로 과학자가 전쟁에 참여하는 것에 주저했지만, 적으로부터 조국의 자유를 지키기 위해 과학자들이 분연히 일어서야 한다는 루스벨트의 연설에 공감해 원자폭탄 제조 계획을 행정적으로 이끌어 간 주요 인물이 되었다.

부시는 세계대전을 우려하며 뜻을 같이할 미국의 명망 있는 세 사람을 초청했다. 벨 연구소 소장이며 국가과학원장인 주잇(Frank Baldwin Jewett, 1879~1949), 캘텍 대학원장인 톨먼(Richard Chace Tolman, 1881~1948), 하버드 대학교 총장인 코넌트(James Bryant Conant, 1893~1978)가 그들이었다. 이들은 전쟁에 대비할 국가적 차원의 강력한 조직이 필요하다는 데 동감했다.

> 조만간 치열한 전쟁이 전 세계를 휘몰아칠 것입니다. 미국도 예외이진 못하게 되리라 봅니다. 어떤 식으로든 전쟁에 개입하게 될 테고, 이전 전쟁에선 구경하지 못한 신무기들이 등장할 겁니다.

하지만 미국은 아직 완전한 방비가 되어 있지 않습니다. 기존의 군사 체계로는 전쟁에서 이긴다고 장담할 수 없습니다. 철저히 대비해야 합니다. 큰 틀의 국가적 전시戰時 시스템이 필요합니다. 이 조직은 군이나 다른 기관에 종속되는 관계가 되어서는 안 됩니다. 독립적인 권한을 가져야 합니다. 대통령에게 곧바로 보고 드릴 수 있어야 하고, 예산 문제로 휘둘려선 안 됩니다. 예산은 자체적으로 끌고 나갈 수 있어야 합니다. 이 일은 제가 앞장서겠습니다.

여기서 '저'란 부시다.

모임의 성격을 규정한 세 사람은 일단 프랭클린 루스벨트 대통령의 최측근인 홉킨스(Harry Lloyd Hopkins, 1890~1946)를 만났다.

"국방연구위원회(NDRC)를 설립하려 하는데 도와주십시오."

부시가 정중히 요청했다.

"좋은 구상인 것 같습니다. 제 능력껏 도와드리도록 하지요."

1940년 6월 12일 부시는 루스벨트를 만났다. 부시는 NDRC를 설립하려는 취지를 요약 설명했고 대통령은 부시의 제안을 받아들였다. NDRC는 기존의 우라늄위원회를 흡수 통합했다.

부시는 행정부 고위 관료들이 우라늄 핵분열에 우호적 태도를 갖도록 설득하는 데 다방면으로 노력했다.

미국보다 한 발 앞서 나가고 있던 영국은 기존 우라늄위원회의 명칭을 MAUD(Military Applications of Uranium Detonation)로 변경했다. 영국은

1940년이 다 가기 전에 다음과 같은 보고서를 내놓기에 이르렀다.

> 하루에 우라늄 235를 1킬로그램씩 분리하는 공장을 지으려면 500만 파운드의 건설비가 필요하고 (…)

유럽은 바삐 움직였고 미국은 느긋했지만, 1941년 겨울의 사태가 미국의 행보를 돌변시켰다.

3. 미국의 본격적인 행보

그로브스와 오펜하이머

1941년 12월 7일, 더없이 평화롭던 일요일의 진주만을 일본이 공습했다. 미국의 루스벨트 대통령은 전면전을 선포했다. 미 대륙에 흩어져 있는 핵 관련 연구자들을 한곳에 모을 필요가 절실했다.

미국은 원자폭탄 개발 계획의 실무자를 뽑는 단계에 들어갔다. 과학자들은 이와 관련한 모든 업무를 과학자 그룹이 주도해야 한다고 보았지만 정부 관료는 생각이 달랐다.

"과학자가 부분적으로 일을 맡아서 하는 것은 괜찮을 겁니다. 하지만 행정력도 부족하고 군사 업무는 거의 해 보지 않은 그들이 전적으로 도맡아 한다는 건 무리입니다. 정력적으로 일할 수 있는 군인을 뽑아 원자폭탄 제조 계획을 총괄하도록 하는 게 좋을 겁니다."

원자폭탄 제조 계획의 총괄 책임은 미 육군사관학교 출신의 그로브스(Leslie Richard Groves, 1896~1970)가 맡았다. 미국의 원자폭탄 제조 계획은 '맨해튼 프로젝트'로 명명되었다.

그로브스는 연구소장으로 오펜하이머(Robert Oppenheimer, 1904~1967)를 임명했다. 그는 오펜하이머의 지적 능력을 높이 평가했다.

"오펜하이머는 천재입니다. 그는 물리학의 모든 걸 알고 있거든요."

오펜하이머가 맨해튼 프로젝트의 연구소장에 임명된 걸 두고 말이 있었다. 노벨상도 수상하지 못한 사람이 어떻게 연구 수장이 될 수 있느냐고. 그러나 그로브스는 아랑곳하지 않고 밀어붙였다. 오펜하이머의 이름을 NDRC에 올리며, 그보다 우수한 물리학자가 있으면 추천해 달라면서.

로스앨러모스

맨해튼 프로젝트를 끌고 나갈 두 수장이 정해졌으니 다음은 연구소를 지을 장소를 물색해야 했다. 그로브스가 고려한 연구소의 입지 조건은 이러했다.

1) 기밀이 최우선이어야 한다.
2) 미국 국민의 안전을 고려해야 한다.
3) 도심에서 멀리 떨어진 곳이어야 한다.
4) 교통은 편리하고 물을 원활히 공급할 수 있는 곳이어야 한다.

오펜하이머는 뉴멕시코주의 헤메스 스프링스(Jemez Springs)를 추천했다. 그로브스와 오펜하이머가 이곳을 답사했다. 아름다웠다. 동쪽으로

로키산맥이 뻗어 있었고, 선인장과 몇 그루 나무가 자란 드넓은 땅에는 안개나 습기가 없었다. 로스앨러모스(Los Alamos)라는 이름의 학교가 보였다.

그로브스는 만족했다. 학교는 국가에 재산 팔기를 주저하지 않았다. 학교 건물과 학교 소유의 땅, 석탄 30여 톤과 장작 더미, 트랙터 2대와 60여 마리의 말과 말안장 50여 개, 소장 도서 1,600여 권을 50여만 달러에 사들였다. 미국의 원자폭탄 개발을 총괄하는 지역은 이렇게 결정되었다.

우수한 인재를 이 황무지 땅으로 모셔 와야 했다. 오펜하이머는 전 미국을 열정적으로 누비며 그들을 설득했다.

> 도시 생활에 익숙한 여러분들이 황무지 같은 곳에 와서 새로운 삶을 이어 간다는 건 분명 쉽지 않습니다. 여러분의 불안과 걱정, 십분 이해합니다. 하지만 현 상황은 비상시국입니다. 원자폭탄의 제조를 적국보다 먼저 성공적으로 끝냈을 때에야만 참혹한 전쟁을 하루빨리 종식시킬 수 있습니다. 여러분의 과학 지식이 조국을 구하고 세상을 지키는 데 사용된다면 얼마나 가슴 뿌듯한 일이겠습니까? 평화를 지키는 데 여러분의 능력을 쓸 수 있는 더없는 좋은 기회입니다. 과학자로서 한번쯤 참여해 볼 만한 가치가 있는 일이라 생각합니다. 여러분은 새로운 역사를 쓰는 주역이 될 것입니다.

오펜하이머의 설득에 많은 과학자들이 로스앨러모스로 기꺼이 달려왔다. 로스앨러모스는 2,500여 명의 과학자들로 북적거렸다. 미국의 내로라하는, 아니 세계 평화를 추구하는 걸출한 과학자들은 거의 다 이곳에 집결했다고 해도 과언이 아니었다.

4. 암호명 '트리니티'

트리니티

로스앨러모스에 모인 과학자들이 불철주야 땀 흘린 노력의 성과물이 마침내 세상에 모습을 드러냈다.

모의실험 장소를 선정하고 준비하는 작업은 하버드 대학교의 물리학 교수 베인브리지(Kenneth Tompkins Bainbridge, 1904~1996)가 맡았다. 실험 장소는 로스앨러모스에서 오가기 불편치 않고 평탄한 지역이면서 쉬이 드러나지 않은 외진 곳이어야 했다. 극도의 보안이 유지되어야 했기에 베인브리지는 적잖은 심적 고통을 받으며 로스앨러모스 인근의 황량한 사막을 샅샅이 뒤졌다. 로스앨러모스에서 남쪽으로 위치한 앨라모고도(Alamogordo)가 실험 장소로 최종 낙점되었다. 공군이 폭격 시험장으로 이용하는 곳이어서 빌리는 데 별 어려움이 없었다.

오펜하이머는 이 지역과 원자폭탄의 모의시험을 통칭해 트리니티(Trinity)라는 암호명으로 불렀다.

트리니티에는 목장이 하나 있었다. 이곳에서 북서쪽 3킬로미터 지점에 30미터 높이의 강철 탑을 세웠다. 원자폭탄을 터트릴 지점이었다. 베

앨라모고도에 설치된 암호명 트리니티의 '그라운드 제로'

인브리지는 이곳을 그라운드 제로(Ground Zero)라 불렀다.

그라운드 제로에서 10여 킬로미터 떨어진 북쪽, 남쪽, 서쪽 지점에 관측소를 두었다. 북쪽 관측소에는 기록 장비와 탐조등, 서쪽 관측소에는 고속 카메라와 탐조등을 설치했고, 남쪽 관측소는 통제소로 이용했다. 북쪽 관측소 서쪽 30여 킬로미터 위치에 콤파니아(Compania) 언덕이 있는데 로스앨러모스의 과학자들이 여기서 원자폭탄의 위력을 확인할 예정이었다. 베이스캠프는 남쪽 관측소에서 8킬로미터 떨어진 곳에 차렸다.

트리니티의 황량한 사막에는 방울뱀과 독거미, 지네와 전갈, 불개미들이 도처에 깔려 있었다. 이들의 운명이 곧 결정지어질 것이다.

모의시험 예정일이 1945년 7월 4일로 잠정 정해졌다. 과학자들은 바삐 움직였다. 도로를 포장하고 전선을 연결하고 관측소에 방탄 유리를 설치했다. 지진계와 방사능 측정기의 작동 상태를 일일이 점검했다. 육군에서 빌려 온 두 대의 탱크에 차폐막을 설치하는 것도 그들이 해야 할 주요 임무였다. 탱크는 모의실험이 끝난 후 그라운드 제로로 다가가 토양 샘플을 채취할 것이다.

폭발물이 로스앨러모스에 도착했다. 원자폭탄에는 100여 개의 폭약이 필요했다. 폭약은 원자폭탄의 폭발을 돕는 데 쓰일 것이다. X선으로 폭약 내부에 기포가 생겼는지 일일이 확인하며 작업을 해야 해 밤낮으로 일했지만 일정을 맞출 수 없었다. 예정일이 7월 16일로 늦춰졌다.

예정일이 다가올수록 부담감은 커졌다. 과학자이건 군 인사이건 매한가지였다. 그중에서도 오펜하이머와 그로브스의 부담감은 더했다. 두 사람은 일이 틀어질 경우 상·하원 의원들이 퍼붓는 질문 공세에 고개를 들 수 없을 것이다. 허무맹랑한 이론에 엄청난 나랏돈을 헛되게 써 버렸다는 비난을 면키 어려울 것이다.

원자폭탄이 육군의 삼엄한 호위를 받으며 옮겨졌다. 그라운드 제로 철탑 꼭대기에는 지붕을 씌웠다. 고속 카메라로 폭발 과정을 찍을 서쪽 면만 남기고 다른 곳은 전부 강판으로 막았다.

"7월 16일 날씨가 좋다고 합니까?"

그로브스가 물었다.

"나쁠 것 같다는 예보가 올라왔습니다."

오펜하이머가 말했다.

전쟁 상황은 긴박히 돌아가고 있었다. 일기가 걱정됐지만 실험을 미룰 수 없었다. 그로브스는 결정했다. 예정대로 모의실험을 실시하기로.

그라운드 제로

실험 전날, 오펜하이머는 초조한 마음을 애써 달래며 그라운드 제로의 철탑으로 올라가 원자폭탄을 마지막으로 확인 점검했다. 기상관측팀은 일기 상황을 살폈다. 바람이 불었고 검은 구름은 밤하늘을 까맣게 뒤덮었다. 폭풍우라도 곧 내리칠 기세였다.

자정이 넘고 새벽 2시가 되자 우려했던 일이 현실로 일어났다. 천둥번개를 동반하며 비가 쏟아졌다. 기상 상황은 최악이었다. 이젠 비가 문제가 아니었다. 검은 공간을 가르며 상공에서 지상으로 떨어지는 섬광에 온 사람들의 신경이 쏠렸다. 그라운드 제로에 번개가 떨어지는 일이 일어나선 안 되는데—. 오펜하이머는 안절부절못하며 밖으로 나와 기상관측팀장을 기다렸다.

"이런 일기 상태가 언제쯤 끝날 것 같습니까?"

그로브스가 물었다.

"새벽녘쯤 가능하리라 봅니다."

기상관측팀장이 답했다.

"정확한 시각을 말해 보시오."

"04시 실험은 불가능할 것 같습니다."

그로브스의 얼굴이 굳어졌다.

"05시나 60시 사이는 가능할 것도 같습니다."

그로브스는 고민에 빠졌다.

"유능한 기상학자입니다. 그의 예측을 믿어 보죠."

오펜하이머가 말했다. 육군의 기상예보관들도 오펜하이머의 뜻에 동의했다.

"좋습니다. 그렇게 하죠."

실험은 5시 30분으로 결정됐다.

3시 15분경 일기가 나아지는 조짐이 보였다. 구름이 걷히고 별이 하나 둘 보이기 시작했다. 그러나 해가 뜨는 걸 보긴 어려울 것 같았다.

기상관측팀장의 보고가 이어졌다.

"예정 시각에 그라운드 제로의 일기는 이상적이진 않겠지만 실험은 가능할 것 같습니다."

그나마 다행이었다. 하지만 이번엔 대기가 문제였다. 대기는 여전히 역전 상태였다. 더운 공기가 찬 공기 위에 떠 있는 안정된 상태에서 핵폭발 실험을 하면 방사능 낙진이 상승해 흩어지지 못하고 땅으로 떨어질 수 있었다. 그로브스가 의견을 물었다. 오펜하이머를 비롯한 많은 사람이 실험 강행을 주장했다.

폭파 20분 전 시계가 작동됐고, 그로브스는 지프를 타고 베이스캠프로 향했다. 오펜하이머는 남쪽 관측소에서 역사적 순간을 지켜보고, 로스앨러모스의 과학자들은 콤파니아 언덕에서 그 순간을 마주할 것이다.

5시 29분, 경고 로켓이 발사됐고 사이렌이 짧게 울렸다.

핵폭풍이 불 반대쪽으로 얼굴을 묻으라는 주의를 지키는 과학자는 찾기 어려웠다. 원자폭탄의 폭발 순간을 두 눈으로 똑똑히 확인하고 싶어서였다. 선글라스나 용접용 보호안경을 착용하는 사람이 보이긴 했다.

마지막 10초를 남기고 통제실 종이 울렸다. 그라운드 제로의 철탑에 탐조등 불빛이 집중되었다.

인류 최초의 원자폭탄 실험으로 생긴 버섯구름

"3, 2, 1—"

인류 최초의 원자폭탄이 폭발했다. 황금빛이 까맣게 내리깔린 어둠을 뚫고 트리니티가 대낮처럼 환하게 밝아졌다. 태양을 정면으로 마주 보는 것 같았다. 거대한 불덩이가 유기물처럼 끓어올랐다. 대기에 불이 붙었다. 불덩어리가 커지며 구름을 뚫고 상승하더니 노랑과 주홍과 녹색이 어우러진 버섯구름이 솟구쳤다. 상상을 넘어선 장엄한 형상 앞에 압도당하지 않은 사람이 없었다.

폭발 40초 후 핵폭풍이 있었다. 겁도 없이 벌떡 일어나 자랑스럽게 핵폭발 순간을 마주한 과학자가 뒤로 벌렁 나자빠졌다. 원자폭탄의 위력이 대단하다고는 해도 이 정도일 줄은 몰랐으리라. 그라운드 제로에서 8킬로미터 떨어진 곳이었다.

종이를 날려 비행 거리를 측정했다. 그라운드 제로까지의 거리를 알고 있으니 종이의 비행 거리를 알면 원자폭탄의 위력을 어림잡을 수 있었다. 비행 거리는 2.5미터였다. 원자폭탄의 위력은 TNT 1만 톤을 웃돈다는 계산이 나왔다.

납판으로 무장한 탱크가 그라운드 제로로 다가갔다. 그라운드 제로에 세운 철탑은 흔적도 없이 사라지고 없었다. 콘크리트 철근만 땅바닥에서 약간 솟아나와 있을 뿐이었다. 포장도로는 모래가 녹아 엉겨 석영처럼 빛나고 있었다. 채취한 토양 샘플로 추론해 본 바 원자폭탄의 위력은 예상보다 4배나 컸다.

그라운드 제로에서 800미터 떨어진 곳에 토끼가 새까맣게 타 죽어 있었다. 1.5킬로미터 밖의 대기 온도는 400여℃까지 상승했다. 5킬로미터 거리의 농가 창문이 부서졌다. 이 정도라면 30만에서 40만 인구의 도시가 초토화될 수 있었다.

원자폭탄 폭발 실험은 대성공이었다. 모두가 기뻐했다. 그로브스와 오펜하이머는 감옥에 가지 않게 되었다며 안도의 한숨을 내쉬었다.

그러나 기쁨도 잠시. 미래의 암울한 그림이 참석자들 뇌리에 선연히 떠올랐다.

핵폭풍이 잦아지자 과학자들이 관측소에서 나왔다. 표정은 엄숙함 그 자체였다.

"죽음의 신을 만들었구나!"

누군가가 이렇게 뇌까렸다.

오펜하이머는 이렇게 회상했다.

트리니티에서 원자폭탄이 터졌을 때 나는 노벨과 그의 바람을 기억했다. 노벨은 다이너마이트가 인간을 살육하는 몹쓸 전쟁을 종식시켜 줄 거란 희망을 가졌다. 그러나 헛된 꿈이었다. 인간의 심성에 자리한 악이라는 존재는 사라지지 않고 늘 그 자리에 있었으니까. 나는 깊은 죄의식을 느꼈다.

"이제 전쟁은 끝났다!"

그로브스가 외쳤다.

"일본에 원자폭탄 두 개만 떨어뜨리면 전쟁은 종식될 겁니다."

오펜하이머가 거들었다.

"나는 당신이 자랑스럽습니다."

"감사합니다."

위스키 잔을 채워 한 모금씩 들이켰다. 그제야 긴장이 다소 누그러졌다. 그로브스와 오펜하이머는 보고서를 작성하기 시작했다.

5. 원자폭탄과 전쟁의 종식

원자폭탄 투하 결정

1945년 5월 1일, 히틀러의 자살 소식이 들려왔다.

5월 8일, 유럽연합군 총사령관으로 노르망디 상륙작전을 승리로 이끈 아인젠하워(Dwight David Eisenhower, 1890~1969)가 승리의 축하 방송을 했다. 아이젠하워는 후에 미국의 제34대 대통령이 된다.

> 나는 500만의 자랑스러운 병사들을 대신해 이 자리에 서는 뜻깊은 영광을 누리게 되었습니다. 그들은 용감무쌍하게 적군을 무찌르며 전진하고 전진했습니다. 놀라운 성공은 병사들의 슬픔과 고통 없인 이룰 수 없는 것이었습니다. 수많은 미국과 유럽연합군 병사의 희생이 있었지만 전쟁은 우리의 승리로 끝났습니다. 유럽에서 총성은 사라졌습니다. 이 시간 이후부터 슬픈 소식은 전해지지 않을 것입니다.

제2차 세계대전으로 독일인 500만 명이 죽었고, 나치는 유대인 600만 명을 학살했고, 영국과 유럽인 800만 명이 사망했으며, 소련인 2,000만 명이 목숨을 잃었다. 4,000여만 명에 달하는 유럽인이 목숨을 잃은 것이다.

전범국으론 유일하게 일본이 남아 있었다.

7월 2일, 일본 상황에 대한 보고가 올라왔다.

> 일본은 동맹국 없이 홀로 전쟁을 치르고 있다. 도시와 산업시설은 우리의 집중공격에 노출되어 있다. 우리는 일본을 초토화시킬 수 있는 힘을 갖고 있다. 그렇다고 얕잡아 볼 수는 없다. 일본인의 충성심은 대단하다. 미군이 일본 본토에 상륙하면 우리가 흘릴 피도 상당하리라 본다. 희생도 덜고 전쟁도 빨리 끝낸다는 차원에서 일본 정부에 항복을 권하는 메시지를 보내야 한다고 본다.

일본의 반응은 "무조건항복은 절대 불가"라는 것이었다.

미국 수뇌부가 여러 방안을 놓고 토론했다. 온건파는 유화적 조건을 제시하자 했고, 강경파는 일본 본토를 쑥대밭으로 만들자고 했다. 논쟁이 결론을 내리지 못하고 있는데 트리니티의 실험 성공 소식이 날아들었다.

> 오늘 아침 트리니티가 완벽하게 작동했음. 결과 분석이 완전히 이루어진 건 아니지만 예상을 뛰어넘는 만족스런 수준임.

상황은 돌변했다. 항복 조건을 놓고 일본과 협상할 필요가 사라졌다. 미 육군 참모총장은 이렇게 술회했다.

> 원자폭탄을 투하하느냐는 것은 중요한 사안이었다. 미군은 오키나와에서 큰 피해를 보았다. 적군 사상자 10만 명보단 적지만 1만 명 이상의 사상자가 났다. 이곳 이외에서도 미군은 막대한 사상자를 냈다. 일본인은 항복하지 않고 죽을 때까지 싸웠다. 일본 본토 밖에서의 전투가 이러한데 본토에서의 전투가 어떠할지는 불을 보듯 뻔했다. 사상자가 속출하고 건물이 무너져도 일본인의 사기는 떨어지지 않을 것이었다. 다른 방법이 없었다. 경험하지 못한 결정적 충격을 주어 일본인의 사기를 꺾어 버리는 수밖에 없었다.

원자폭탄을 터뜨려 하루빨리 일본과의 전쟁을 끝내자는 의견이었다.

그러나 아이젠하워는 원자폭탄 사용에 부정적이었다. 그는 이렇게 술회했다.

내 임무는 유럽전을 승리로 이끈 것으로 끝났다. 일본에 원자폭탄을 투하하느냐 마느냐는 내 소관이 아니었다. 나는 원자폭탄을 떠올리는 것만으로도 기분이 가라앉았다. 나는 두 가지 이유로 원자폭탄 사용에 반대했다. 하나는 일본은 항복할 준비가 되어 있으니 굳이 무시무시한 무기를 사용할 필요가 없다는 것이었고, 또 하나는 미국이 이런 무기를 최초로 사용한 국가가 되지 않길 바라는 뜻에서였다.

아이젠하워는 자신의 뜻을 대통령에게 전달했으나, 원자폭탄의 사용 쪽으로 기운 대세를 되돌릴 수는 없었다. 원자폭탄을 언제 어느 지역에 투하하느냐만이 남았다. 보고서가 올라왔다.

8월 1일 이후는 언제든 원자폭탄 투하가 가능함. 예상치 못한 일이 돌발해도 8월 10일을 넘기지 않을 것임. 투하 지역은 히로시마, 고쿠라, 니가타로 결정됨.

최종 점검

B-29 폭격기가 티니안(Tinian)에 도착했다. 티니안은 사이판에서 4킬로미터 떨어진 태평양의 천국 같은 섬이다.

이 B-29는 형태가 달랐다. 조종사는 이렇게 술회했다.

기존의 B-29는 무겁고 구식이었습니다. 출력을 80퍼센트로 놓고 고도 9,000킬로미터까지 상승하면 과열되어 밸브가 고장 나는 현상이 끊이질 않았습니다. 위험천만한 일이 아닐 수 없었지요. 원자폭탄을 싣고 이런 일이 발생한다면 생각하기도 끔찍합니다. 우리는 B-29의 개조를 요구했습니다.

B-29는 원자폭탄과 병사를 태우고도 무난한 고도를 유지할 수 있도록 개조되었다. 비행 중에도 원자폭탄의 상태를 실시간으로 확인할 수 있었다. 천혜의 휴양지 티니안은 세계에서 가장 거대한 공항이 되었다. 길이 3킬로미터, 폭 10차로의 활주로를 6개 놓았다. 옆으로 줄지어 있는 수백 대의 최신형 대형 폭격기를 보고 있으면 장관이 따로 없었다. 섬 전체가 거대한 항공모함 같았다. 티니안은 쉴 새 없는 이착륙으로 굉음이 끊이질 않았다.

최종 점검이 있었다. 투하 당일 기상 관측용 B-29 한 대가 투하 지역으로 가 일기를 알려 줄 예정이었고, 두 대가 폭격기를 따라와 사진 찍고 엄호해 줄 계획이었다.

8월 5일 오후 B-29에 원자폭탄을 싣고, 군에서 나온 사진사가 이를 필름에 담았다. 폭격기는 '이놀라 게이(Enola Gay)'로 명명했다.

출발 시각은 8월 6일 새벽 2시 45분이었다. 대원들 모두 잠을 제대로 이루지 못했다. 출발 전 B-29 앞에서 단체사진을 찍었다.

히로시마에 1차 투하

이놀라 게이가 이륙했다. 폭탄 투하 지역은 미정이었다. 폭격기는 고도를 크게 높이지 않았다. 폭탄실에선 마무리 작업에 열중하고 있었다. 점화 회로를 꼼꼼히 점검하고 확인했다. 원자폭탄 곳곳에 병사들이 적은 글자가 보였다.

"이 비행기에 적재된 게 무엇인지 아나?"

조종사가 물었다.

"과학자가 탄생시킨 괴물입니다."

"너무 부정적으로 보지 마라."

"우리가 오늘 부숴 버리는 건가요?"

"그런 결과가 나오겠지."

병사들은 무시무시한 폭탄을 싣고 있다는 것만 파악하고 있었지, 원자폭탄의 실체에 대해선 알지 못했다.

"여러분은 위대한 미합중국의 최정예 군인으로 이 일에 동참하게 되었다는 사실에 무궁한 자긍심을 가져도 좋다."

5시 22분, 다른 B-29와 상공에서 합류했다.

7시경, 원자폭탄의 안전장치를 해제했다.

"최종 준비 완료."

세계 최초의 원자폭탄이 무시무시한 생명을 갖게 된 순간이다.

8시 15분경, 기상 관측 항공기가 기상 상태를 보고해 왔다. 쾌청하지 않고 구름이 끼어 있다는 보고였다. 그나마 히로시마가 나았다. 목표 지점을 결정해야 했다.

"히로시마로 결정한다."

이놀라 게이가 9,500여 미터 상공까지 고도를 높였다. 내부 압력을 올리고 난방 장치를 가동했다.

히로시마에 투하된 '리틀보이'(왼쪽), 나가사키에 투하된 '팻맨' 원자폭탄

"히로시마 동쪽 상공. 방탄복 착용!"

병사들이 두툼한 방탄복을 서둘러 입었다. 호위 항공기가 뒤로 빠졌다.

"보안경 착용!"

히로시마 항구가 눈에 들어왔고 아이오이교(다리)가 보였다.

"투하!"

이놀라 게이의 폭탄실 문이 열리며 원자폭탄이 낙하했다. 낙하산에 실린 관측 장비가 함께 떨어졌다. 원자폭탄의 생생한 위력을 영상으로 전송할 기기였다. 이놀라 게이는 급선회하며 빠르게 빠져나갔다.

투하 43초 후, 지상 570여 미터 상공에서 원자폭탄이 터졌다. 이놀라 게이는 폭발 지점에서 18.5킬로미터 떨어져 있었는데도 충격파가 상당했다. 히로시마는 연기로 뒤범벅이었다. 버섯구름이 믿기지 않을 만큼 높이 솟구치며 붉은 불기둥이 퍼졌다. 방금 전 상공에서 마주한 히로시마는 일순 온데간데없이 사라지고 없었다.

히로시마의 생생한 증언

1945년 8월 6일 아침의 히로시마는 기온 26.6℃에 습도 80퍼센트였다. 바람 없는 활기찬 하루가 시작되고 있었다. 시내는 사람으로 붐볐다. 수천의 군인이 열을 맞춰 시가지를 달렸으며 전차는 초만원이었다.

8시 15분, B-29가 나타났으나 공습경보가 곧 해제될 거란 생각으로 사람들은 동요하지 않았다. 일부 시민은 하늘을 올려다보았다. 은백색 섬광이 번쩍했다. 불빛이 어찌나 밝던지 푸른 나뭇잎이 마른 나뭇잎으로 변해 버린 느낌이었다. 섬광을 직접 마주한 이들은 눈이 멀었고 의식은 혼돈 상태에 빠졌다.

섬광과 함께 엄청난 열이 동반했다. 폭발 지점에서 4킬로미터 떨어진 전신주가 새까만 숯덩이가 되었다. 인체의 내장은 부글부글 끓어올랐고 피부는 시커먼 숯껍질이 되었다. 전차는 뼈대만 앙상했다. 승객들은 앉거나 선 자세로 타 죽었다. 등신불이 따로 없었다. 상공을 날던 새들은 날갯짓하고 비행하던 몸짓 그대로 타 버렸다. 모기와 파리 같은 곤충은 씨가 말랐다. 폭발 중심 1킬로미터 반경 안의 히로시마는 모든 생명체가 사라져 버린 죽은 도시 그 자체였다.

폭발 중심 1킬로미터 반경 너머의 사정은 어떠했는가?

하늘을 올려다본 환자가 눈이 이상하다며 의사를 찾아왔다. 망막이 타 버렸다. 치료 불능이었다. 거리에는 도와달란 아우성 소리가 진동했다. 사람들의 몰골은 어디가 앞이고 어디가 뒤인지 분간조차 어려웠다. 몸에 붙은 살이란 살은 훌러덩 벗겨져 흘러내리듯 출렁였고, 머리칼은 한 올도 남지 않고 타 버렸다. 다들 몽유병 환자처럼 허우적이며 비틀거렸다. 아스팔트는 끓고 있었다.

건물 안에 있던 사람들은 열 피해는 상대적으로 덜했으나 폭풍이 집어삼켰다. 초속 1킬로미터가 넘는 무지막지한 폭풍이 건물을 날려 버렸다. 다리와 둑도 온데간데없이 사라지고 없었다.

얼굴이 퉁퉁 부어오른 어린애가 종이처럼 벗겨진 피부를 끌어안고 울부짖으며 엄마를 찾고 있었다. 눈알이 튀어나온 사내가 아내와 자식 이름을 부르고 있었다. 한 사내가 양쪽 눈에 큰 나무가 박힌 채로 이리저리 뛰고 있었다. 살갗이 벗겨진 노인이 기도문을 외우며 거리를 방황하고 있었다. 턱 언저리가 떨어져 나간 여인이 혀가 늘어진 입으로 도와달라고 외치고 있었다. 발목이 잘려 나간 사내가 무릎으로 기고 있었다. 응급의료소는 북적이는 화상 환자로 오징어 굽는 냄새가 진동했다. 빠진 눈알을 들고 서 있는 사내가 보였다. 전신이 피범벅이 된 사람이 외마디 소리를 내지르며 강으로 뛰어들었다. 살아 있어도 산 목숨이 아니었다.

당시 다섯 살이던 소녀는 이렇게 기억했다.

> 히로시마를 송두리째 삼켜 버린 원자폭탄을 생각하면 몸서리가 쳐져요. 우리 가족은 살려고 마구 달리고 있었어요. 퉁퉁 부어오른 군인 시체가 강물에 떠내려가고 있었어요. 조금 더 가니 시체들이 즐비하게 널려 있었고, 한 여인이 쓰러진 나무에 다리가 끼여 꼼짝 못 하고 있었어요. 여인은 살려 달라고 애원했어요. 그러나 모두 외면했어요. 아버지가 소리쳤어요. "당신들은 일본 사람 아닙니까!" 아버지는 녹슨 톱을 어딘가에서 구해 와 그녀의 다리를 잘라 구해 주었어요.

당시 4학년이던 학생은 이렇게 회상했다.

어머니는 병원 침대에서 꼼짝할 수 없었습니다. 머리칼은 다 빠졌고 가슴은 점점 곪아 들어갔습니다. 등 뒤에 난 5센티미터 가량의 구멍에는 구더기들이 바글거렸습니다. 지독한 냄새가 곳곳에 배었습니다. 병원에는 어머니 같은 사람이 즐비했습니다. 어머니는 하루가 다르게 기력을 잃어 갔습니다. 할머니와 저는 죽을 끓여 왔습니다. 어머니는 그걸 마실 힘조차 없었습니다. 어머니는 숨을 헐떡이더니 이내 숨을 거뒀습니다. 병원은 화장하는 냄새가 가득했습니다. 눈물조차 나오지 않았습니다.

5학년 남학생은 이렇게 말했다.

몇 명이 반쯤 부서진 저수조에 엎드린 채 물을 마시는 걸 보았습니다. 가까이 다가갔을 때 비명을 내지르며 물러나지 않을 수 없었습니다. 저수조 수면에 반사된 상은 인간이 아니었습니다. 갈기갈기 찢어진 피부와 퉁퉁 부을 대로 부은 안면, 그건 피투성이의 괴물 형상이었습니다. 머리칼은 다 타 버려서 한 올도 남지 않았습니다. 남자가 아니었습니다. 타다 남은 블라우스가 여학생이란 걸 말해 주었습니다.

사망자는 근 20만 명에 이르렀다. 부상자는 일일이 셀 수도 없었고, 가옥은 초토화되어 버렸다. 세상이 완전히 끝났구나 하는 말이 거짓이 아니었다.

미국 대통령에게 히로시마 투하 결과가 보고됐다.

"역사상 가장 위대한 일이 성공했군요!"

대통령이 짧게 말했다.

그로브스가 오펜하이머에게 전화를 걸었다.

"당신과 당신을 도운 사람들 모두 자랑스럽습니다."

"성공했습니까?"

"거대하게 폭발했습니다."

"축하드립니다."

"당신을 로스앨러모스의 연구소장으로 임명한 건 내가 지금껏 해 온 일 중 가장 현명한 선택이었습니다."

히로시마의 소식은 로스앨러모스 연구원들의 귀에도 바로 들어갔다. 히로시마의 참상에 슬픔을 함께한 이들이 있는가 하면, 핵폭발 성공을 의기양양하게 떠드는 이들도 있었다.

나가사키에 2차 투하

일본 상황은 어땠는가? 의견이 둘로 갈렸다. 군부는 무조건항복은 안 된다는 강경 입장을 고수했고, 관료들은 국민 희생이 더는 있어선 안 된다는 입장이었다. 언쟁은 군부의 승리로 끝났다.

미국은 두 번째 원자폭탄 투하 준비에 들어갔다. 이번에 투하할 원자폭탄은 앞의 것과 달리 플루토늄을 원료로 한 것이었다.

1945년 8월 8일 22시, B-29에 원자폭탄을 실었다. 투하 지역은 히로시마를 뺀 고쿠라와 나가사키 중 하나였다.

8월 9일, 일기가 좋지 않았다. 고쿠라 상공은 안개가 자욱했을 뿐만 아니라 일본 전투기가 보였고 대공포탄이 날아왔다. 상황이 긴박했다. 투하 장소를 바꿔야 했다. B-29는 나가사키로 향했다.

짙은 구름이 시야를 가렸다. 구름 사이로 틈이 났다. 원자폭탄을 투하했고, 폭탄은 500여 미터 상공에서 터졌다.

히로시마에서 20만, 나가사키에서 14만의 사상자가 났다. 일본 군부는 그래도 결사항전을 외쳤다. 그러나 히로히토 일왕이 이튿날 항복 의사를 워싱턴에 전했다.

8월 14일, 일왕은 각료들을 불렀다.

"짐은 일본 국민이 더 이상의 고통을 받는 걸 원치 않는다. 이러다간 전국토가 잿더미가 될 것이다."

일왕은 방송 원고를 준비하도록 했다.

8월 15일, 일왕은 일본 국민에게 공표했다.

> 일본 신민은 최선을 다했으나 결과는 참혹했도다. 적군의 무기는 잔인하기 이를 데 없는 손실을 우리 국민에게 입혔도다. 죄 없는 불쌍한 시민이 너무 많이 죽었도다. 항복 후 우리 국민이 받을 어려움과 고통은 적지 않을 것이로다. 짐은 참기 어려운 고통을 감내하며 후세를 위해 평화의 길을 열기로 결심했노라.

이날은 조선이 해방된 날이기도 했다.

제5장

20세기 천체물리학

천체물리학은 관측만 하던 천문학에서 벗어나 물리학 이론을 적용해 천문 현상을 밝히는 학문이다. 20세기 이전에도 천문 현상에 물리학 이론을 활용하는 경우는 간간이 있었으나, 천문학과 물리학의 깊이 있는 결합은 20세기에 들어와서부터라고 할 수 있다.

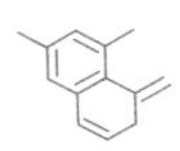

아서 에딩턴
(Arthur Stanley Eddington, 1882~1944)

1. 20세기 천체물리학의 출현

별은 왜 둥글까

20세기 천체물리학은 영국의 에딩턴(Arthur Stanley Eddington, 1882~1944)이 열었다고 할 수 있다. 에딩턴은 아인슈타인의 일반상대성이론을 검증하기 위해 아프리카의 프린시페로 떠난 일식 검증단의 인솔대장이기도 했다.

아인슈타인의 일반상대성이론 검증이 끝난 이후, 한 회견장에서 기자가 이렇게 물은 적이 있다.

"이 세상에서 일반상대성이론을 이해하고 있는 사람은 세 사람뿐이라고 하는데 사실입니까?"

그러자 에딩턴이 바로 되물었다.

"세 사람이라고요? 대체 세 번째 사람이 누군가요?"

일반상대성이론을 이해하는 사람은 자신과 아인슈타인 둘밖에 없다고 주장한 것이다. 에딩턴은 이렇게 도도하다 싶을 만큼 학문적 자신감이 있었다. 물론 이런 학문적 자신감은 그냥 얻어지는 게 아니다. 그만한 업적을 쌓은 사람만이 누릴 수 있는 특혜라고 볼 수 있을 것이다.

자, 그럼 이제 본론으로 들어가자.

별은 왜 빛나는 걸까?

천체물리학을 동원해 이에 대한 답 찾기를 가장 먼저 시도한 인물이 에딩턴이다. 에딩턴은 의문을 품는다.

별은 수소와 헬륨으로 가득 차 있다.
수소와 헬륨은 기체이니, 별은 형태를 갖추기 어려울 것이다.
그런데 지구에서 가장 가까운 별인 태양만 보아도 그렇지 않다.
둥근 형태를 유지하고 있다.
이유가 뭘까?

에딩턴은 이 답을 물리학으로 찾았다.

별에는 수소와 헬륨이 탈출하지 못하도록 하는 힘이 있다.
밖으로 탈출을 막으려면 안으로 당기는 힘이 있어야 한다. 별의 중심으로 향하는 힘이 있어야 하는 것이다. 이는 별의 중력이다.
수소와 헬륨이 탈출하려는 힘과 별의 중력은 세기가 같다. 그래서 별은 일정한 모양을 유지한다.

에딩턴은 이어서 별 에너지의 근원 찾기에 도전했다.

별에서 방출하는 열에너지의 근원은 무엇일까?

누구는 중력이라 했고, 누구는 방사능이라 했다. 에딩턴은 뭐라 주장했을까?

수소와 헬륨의 핵융합 반응.

그렇다. 별 내부에선 수소와 헬륨이 쉼 없이 합쳐지는 핵융합 반응이 수도 없이 일어나고 있다.

요즘이야 에딩턴의 이러한 주장에 이의를 다는 학자가 없지만, 20세기 초만 해도 그렇지 않았다.

"별 내부에서 핵융합 반응이 일어나려면 수만℃ 정도의 온도로는 어림도 없을 텐데, 별 내부가 그렇게 뜨겁다고 보는 겁니까?"

이런 논리를 펴는 학자들을 마주할 때면 에딩턴은 이런 답으로 그들의 강변을 일축했다.

"별 내부는 초고온의 세상이라 봅니다. 열에너지는 온도와 연결됩니다. 열역학이론과 공식으로 별의 온도를 추정할 수 있습니다. 굳이 다투고 싶지 않으니, 별 내부보다 뜨거운 곳이 있으면 알려 주시오."

에딩턴의 선구적인 업적으로 별은 더 이상 동화 속 어린 왕자가 드나들며 노니는 낭만적인 곳이 아니게 되었다. 20세기의 별은 물리학 언어로 명쾌하게 그려 낼 수 있는 장엄한 자연의 실체 중 하나일 뿐이었다.

에딩턴과 별의 미래

별에 관한 에딩턴의 업적은 여기서 그치지 않았다.

에딩턴이 사고한다.

> 별의 주요 에너지원은 수소이다. 수소를 태워 빛과 열을 방출하는 것이다.
>
> 시간이 흐를수록 수소는 줄어든다. 이는 열에너지가 그만큼 감

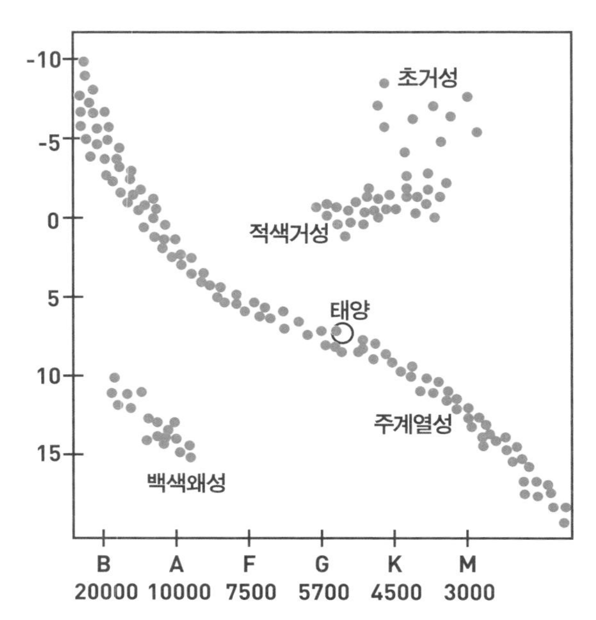

별의 일생을 나타내는 H-R도. 태양 같은 주계열성이 수소를 소모해 차가워지면 수축해 백색왜성이 된다.

소한단 얘기다.

별이 냉각되기 시작한다. 별이 차가워지면 가스의 팽창력이 약해진다. 별의 역학적 평형 상태가 깨진다. 별의 중력이 더 강해져서다.

별은 중력에 굴복하지 않을 수 없다. 이는 별이 수축한단 얘기다.

중력수축은 무거운 별일수록 빠르게 진행한다.

중력수축으로 작은 별이 탄생한다.

에딩턴이 예상한 작은 별은 백색왜성(white dwarf)이다. '흰색 난쟁이 별'이란 뜻으로, 붉게 타오르던 태양만 한 별이 식어 지구만 하게 작아진 별이다.

태양의 부피는 지구의 100만 배 이상이다. 이런 별이 지구만 하게 줄어드니 백색왜성은 엄청나게 작아진 별이다. 그렇다고 백색왜성이 물질을 다 버리고 줄어든 건 아니다. 별의 내부 물질은 그대로 놔둔 채 눌릴 대로 눌려 줄어든 것이어서 백색왜성의 밀도는 엄청나다. 숟가락만 한 크기의 질량이 10여 톤에 육박한다.

여기까지가 에딩턴이 천체물리학의 역사에 남긴 족적이다. 에딩턴은 물리학 이론을 천문 현상에 한껏 적용해 훌륭한 결과를 이끌어 낸 실질적인 최초의 천체물리학자였다.

2. 별의 최후

찬드라세카르의 한계

별의 삶은 백색왜성에서 끝난다.

이것이 1920년대 말까지 천체물리학계의 정설이었다. 에딩턴의 위상으로 보나 결론 도출의 논리성으로 보나 문제 될 게 없어 보였다.

그런데 아니었다.

1930년 인도의 찬드라세카르(Subrahmanyan Chandrasekhar, 1910~1995)는

영국으로 향하는 배에 올랐다. 인도 정부 장학생에 뽑혀 영국 케임브리지대 대학원에서 별에 관해 공부하고 연구할 예정이었다.

찬드라세카르가 책을 펼쳤다. 에딩턴이 저술한 『별들의 내부 구성(Internal Constitution of the Stars)』이다.

'에딩턴은 별의 일생은 백색왜성에서 끝난다고 했다. 지루함도 달랠 겸 이 계산이나 해 보자.'

찬드라세카르는 영국에 도착하기 전에 방정식을 풀었다. 찬드라세카르는 1983년 노벨 물리학상을 수상하는데 이것이 수상의 주된 근거가 되었다.

방정식을 푼 해가 이상했다. 모든 별이 백색왜성에서 생명을 마치는 것이 아니었던 것이다. 별이 태양보다 1.4배 가벼우면 에딩턴이 주장한 대로 백색왜성에서 종말을 맞지만, 그보다 무거우면 백색왜성이 끝이 아니라는 결과가 나왔다.

태양 질량의 1.4배를 '찬드라세카르의 한계(Chandrasekhar limit)'라고 한다. 이는 별에 따라 다른 일생을 구분 짓는 기준이다.

오펜하이머와 별의 종말

태양 질량의 1.4배가 넘는 별의 최후는 어떻게 된다는 건가?

이 의문의 답은 중성자가 발견하고 나서 알려졌다.

1920년대까지 밝혀진 원자 내부의 세계는 전자와 원자핵까지가 전부였다. 원자핵 속에 양성자 외에도 중성자라는 입자가 들어 있다는 사실이 밝혀진 건 1932년이었다. 영국의 채드윅이 중성자를 발견했고, 그는 이 업적으로 1935년 노벨 물리학상을 수상했다.

채드윅이 중성자를 발견했다는 보도가 나오고 며칠 후 란다우(Lev Davidovich Landau, 1908~1968)는 이렇게 예측했다. 란다우는 소련의 물리학자로, 1962년 노벨 물리학상을 수상한다.

> 중성자로만 이루어진 별이 있을지도 모른다.

란다우는 이에 대한 연구를 진척시키진 않았다.

중성자로만 이루어진 별을 중성자별(neutron star)이라고 한다. 중성자별을 언급한 최초의 논문은 1934년 바데(Walter Baade, 1893~1960)와 츠비키(Fritz Zwicky, 1898~1974)가 발표했다.

> 초신성(supernova)은 중성자별을 암시하는 강력한 증거이다. 중성자별은 중성자로만 채워진 극도의 수축 상태 별이다.

바데와 츠비키도 여기서 더 나아가진 않았다.

중성자별의 내부 구조를 상세히 밝힌 건 오펜하이머와 그의 제자들이었다. 오펜하이머는 대학원생 볼코프(George Michael Volkoff, 1914~2000)를 불렀다.

"찬드라세카르 한계 이상 가는 별이 어떤 식으로 종말을 맞는지 밝힌

2016년 최초로 촬영된 처녀자리A은하 중앙의 블랙홀 사진. 이 블랙홀의 질량은 태양의 70억 배나 된다.

논문은 아직 보이지 않고 있는데, 자네가 한번 계산해 보고 나랑 토론해 보자고."

볼코프는 태양 질량의 1.4~3.2배 사이에 드는 별을 계산했다. 결과는 놀라웠다. 백색왜성이 수축하며 새로운 붕괴가 시작된다. 전자가 원자핵 속으로 밀려들어 가서 양성자와 결합하고 중성자로 변한다. 이런 반응이 이어지면서 온통 중성자로만 채워진 초고밀도의 중성자별이 탄생한다. 중성자별은 손톱만 한 크기의 질량이 10억 톤이나 되었다.

오펜하이머는 더 알고 싶어 했다.

'별의 종착점은 여기가 끝일까? 볼코프는 태양보다 3.2배 이상 무거운 별은 계산하지 않았다. 이런 별의 최종 종착지는 어디일까?'

오펜하이머는 대학원생 스나이더(Hartland Snyder, 1913~1962)에게 이 계산을 맡겼다. 이번 결과는 더 놀라웠다. 별은 한없이 수축했다. 쪼그라듦을 막을 수 있는 방패막이는 없었다. 이 별이 블랙홀이다.

3. 중성자별

작은 녹색 인간

찬드라세카르의 한계를 넘어선 별은 두 종류의 극단적 죽음을 맞이하게 된다. 하나는 중성자별이고, 또 하나는 블랙홀이다. 우선 중성자별부터 살펴보자.

질량: 태양과 비슷

반지름: 10여 킬로미터(태양 반지름의 약 10만분의 1)

밀도: 티스푼 크기의 질량이 10여억 톤

중력: 지구의 1천억 배

자기장 세기: 지구의 10조 배

상상을 초월하는 이런 프로필을 갖춘 별이 정녕 실재하는 것일까? 이론의 산물일 뿐인 건 아닐까?

1967년 9월 말, 케임브리지 대학교의 휴이시(Antony Hewish, 1924~2021) 연구진은 하늘에서 방출된 전파를 관찰 중이었다. 전파는 빠르고 강력하게 깜빡거렸으며, 동일 장소 동일 시각에 방사되는 것이 확인되었다.

벨(Jocelyn Bell, 1943~)은 지도교수 휴이시에게 이 사실을 보고했다. 휴이시는 전파를 기록한 종이를 살폈다.

"흥미로운 결과 같은데, 자넨 어떻게 보나?"

"저도 교수님과 같은 생각입니다."

휴이시와 벨은 전파 관측에 더욱 매진했고, 11월 말 구체적인 현상이 포착되었다. 특이전파가 잡힌 것이다. 전파는 맥박(펄스pulse)이 뛰듯 매우 짧은 주기로 방사되고 있었다. 펄스의 주기는 1.34초, 정확히는 1.33730109초였다. 분석 작업에 들어갔고, 전파는 천문 현상과 무관하다는 결론을 내렸다. 그들이 이렇게 판단한 근거는 이러했다.

> 별은 인간처럼 사고할 수 없다. 그런데 펄스는 너무도 정밀한 규칙성을 띠고 있다. 지적인 생명체가 방출한 것이라고 보는 편이 설득력이 높다.

그렇다면 펄스의 정체는 무엇일까? 외계의 지적 생명체, 우리가 흔히 외계인이라고 부르는 존재가 보낸 것이란 말인가?

휴이시 연구진은 외계의 지적 생명체가 펄스를 쏘아 보냈다고 잠정 결론 내렸고, 이 외계인을 작은 녹색 인간(Little Green Man, LGM)이라 불렀다.

휴이시 연구진은 작은 녹색 인간 찾기에 착수했다. 카시오페이아자리 쪽에서 1.2초 주기로 깜빡이는 펄스가 나타났다. 휴이시 그룹은 앞선 관측한 1.33초짜리 펄스를 작은 녹색 인간 1(LGM 1)로 하고, 이번에 관측된 1.2초짜리 펄스를 작은 녹색 인간 2(LGM 2)라고 불렀다. 그들은 곧이어 비슷한 주기로 깜빡이는 LGM 3과 LGM 4도 발견했다. 작은 녹색 인간은 등대 신호와 흡사했다.

휴이시 그룹은 작은 녹색 인간을 놓고 각자의 의견을 내놓았다.

"외계 생명체가 지구인과 접촉하기 위해 방사한 신호가 아닐까요?"

"지적인 외계 생명체가 뭔가를 알려 주기 위해 의도적으로 흘린 신호는 아닐까요?"

"우주 공간을 항해하는 외계 생명체의 우주선에서 나온 불빛이 아닐까요?"

"외계 문명 사이에선 보편화된 우주 항해를 도와주는 보조수단이 아닐까요?"

"우주 여행자에게 천상의 위험지역을 알려 주는 신호가 아닐까요?"

"우리가 엿들어선 안 되는 천상의 대화는 혹시 아닐까요?"

의견은 다양했으나 펄스가 외계 생명체와 관련 있다는 데에는 의견이 모아졌다. 휴이시 연구진은 외계 생명체가 살 수 있는 환경을 고민했다. 지구와 비슷한 환경을 갖추고 있으면 가능성이 높다고 보았다. 태양 같은 별이 중심에 있고 그 둘레를 도는 행성으로서 온도와 공기와 물이 조화로이 어우러져 있는 곳 말이다.

휴이시 연구진은 펄스가 나오는 우주 공간을 면밀히 조사했으나, 발견한 천체 중 생명체가 존재할 만한 행성의 단서는 찾지 못했다.

휴이시 연구진이 발견한 천체는 펄사(pulsar)라고 불렀다. 펄스를 방사하는 별(pulsing star)이란 뜻이다.

펄사와 중성자별

펄사는 천체물리학자의 가장 뜨거운 연구 주제가 되었다. 1960년대 후반은 펄사 연구의 황금기라고 할 만했다. 천체물리학계의 주요 학술지는 물론이고, 저명 물리학 학술지의 중요 논문들은 이와 관련된 것들이었다.

휴이시 연구진이 LGM 1~4를 발견한 이후 새로운 펄사가 속속 발견되었다. 천체물리학자들은 펄사가 깜빡거리는 이유는 주기적으로 회전하기 때문이란 사실을 밝혀내었다. 펄사는 자전하는 천체였던 것이다. LGM 1~4의 주기는 1초를 약간 웃도니 초당 한 바퀴씩 자전하는 셈이었다. 새롭게 발견된 펄사 가운데는 초당 600번을 회전하는 것도 있었다.

도대체 1초에 600번을 회전하는 천체가 가능할까? 우리가 흔히 목격하는 천체는 이런 회전이 가능하지 않다. 가공할 만한 원심력 탓에 천체가 산산조각 날 것이기 때문이다. 그런데 관측 결과는 이런 천체가 분명 존재한다고 알려 주고 있다. 그렇다면 가능한 시나리오는 내부 결속력이 무진장 강한 천체를 떠올리는 것뿐이다.

천체물리학자들이 계산에 들어갔다. 백색왜성의 결속력은 초당 1회전의 자전 속도를 감당할 수 없었다. 중성자로만 꽉 채워졌을 경우는 초당 수백 번의 자전을 견뎌 낼 수가 있었다. 모든 펄사는 중성자별이다. 그랬다. 펄사는 고속으로 자전하는 중성자별이고, 고속으로 자전하는 까닭에 등대 불빛처럼 주기적으로 깜빡거리는 것이다.

휴이시는 1974년 노벨 물리학상을 수상했다. 그러나 펄사의 최초 발견자인 벨은 수상자에서 빠졌다. 이를 두고 많은 말들이 오갔다. 벨이 여성이어서 불이익을 당한 게 아니냐는 주장이 나오기도 했다.

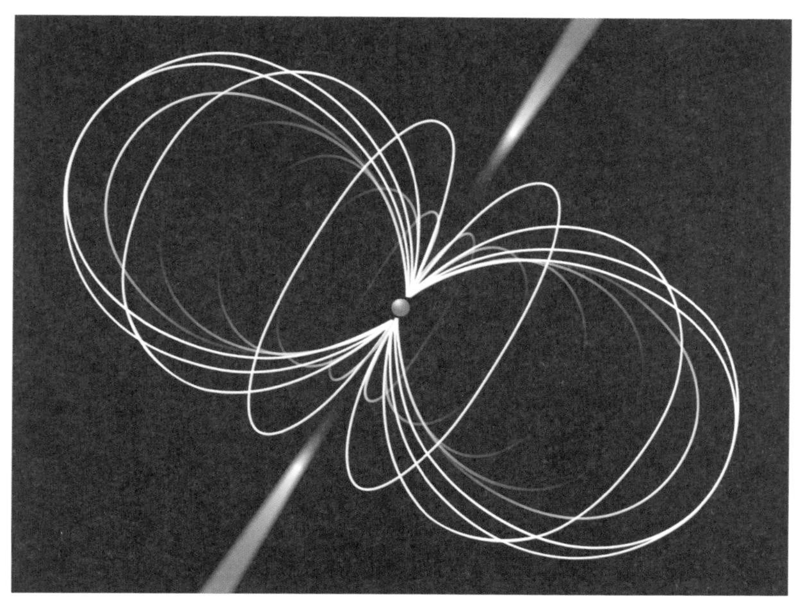

중성자별(가운데 구체)은 고속으로 회전하며 강력한 자기장을 만들어 내고, 양극점에서 강력한 전자기 빔을 방출해 '펄사'라 불린다.

4. 블랙홀

슈바르츠실트와 특이점

중성자별이 실재할 수 있다는 예측은 들어맞았다. 이제는 블랙홀이다.

블랙홀의 존재 가능성을 처음으로 계산한 학자는 오펜하이머가 아니다. 슈바르츠실트(Karl Schwarzschild, 1873~1916)였다.

슈바르츠실트는 독일의 유능한 천체물리학자다. 제1차 세계대전에 자원 입대해 러시아에 머무는 동안 천포창이라고 하는 피부병에 걸렸다. 지금은 치료가 가능하지만 당시는 불치병이었다. 그 와중에도 슈바르츠실트는 아인슈타인의 일반상대성이론으로부터 자연스레 도출되는 중력장 방정식과 틈틈이 씨름했고 마침내 그 답 하나를 얻어 베를린의 아인슈타인에게 보냈다. 편지를 읽은 아인슈타인은 슈바르츠실트의 논문을 프로이센 과학학술원에 보내고 그에게 이렇게 답장했다.

"논문 흥미 있게 읽었습니다. 이렇게 간단한 방법으로 중력장 방정식의 해를 유도해 내리라곤 생각지 못했습니다."

슈바르츠실트는 중력장 방정식의 또 다른 해를 찾기 위해 부단히 노력했다. 그러나 건강이 발목을 잡았다. 병이 악화돼 고향 집으로 돌아왔으나 두 달 만에 세상을 등지고 말았다. 아인슈타인은 슈바르츠실트가 기여한 공로를 높이 평가했다.

> 슈바르츠실트 논문에서 인상적인 건 문제의 핵심을 쉽게 밝혀냈단 사실이다. 자연의 심오한 비밀을 밝혀낸 슈바르츠실트의 유연한 사고는 아무리 칭찬해도 아깝지 않을 재능이다. 슈바르츠실트는 이론물리학자들이 다가서기조차 어려운 분야에서 중요한 업적을 쌓았다. 거미줄처럼 미묘하게 얽힌 자연의 상호관계를 밝힌 불굴의 창조적 노력은 예술의 경지에 다다랐다고 생각한다.

슈바르츠실트가 중력장 방정식을 풀어서 얻은 결과는 블랙홀을 암시하는 답이었다. 그는 블랙홀을 이론적으로 계산해 낸 최초의 인물이었다.

슈바르츠실트가 푼 해에는 '특이점(singularity)'이 존재한다. 이는 무한을 뜻한다. 슈바르츠실트의 해에서 무한을 야기하는 실체는 중력이다. 그러니까 슈바르츠실트의 해에서 중력이 무한대가 되는 점이 특이점이다.

슈바르츠실트가 푼 해에는 중력이 무한대가 되는 특이점이 하나가 아니라 둘이었다. 두 개의 특이점은 천체의 반지름이 0이 되는 곳(천체의 중심)과, 거기에 다다르기 전이었다. 여기서 의미 있는 건 중심에 이르기 전의 특이점인데, 이 지점을 중력반지름(gravitational radius)이라 부른다. 아인슈타인 중력장 방정식을 최초로 푼 슈바르츠실트의 업적을 기려 슈바르츠실트 반지름이라고도 한다.

슈바르츠실트 반지름은 곤혹스러운 문제를 낳는다.

> 슈바르츠실트 반지름 너머부터 천체의 중심까지 사이의 공간은 어떤 곳일까?

천체의 중심은 공간이 없으니 그곳에서 중력이 무한대가 된다는 건 그러려니 해도, 슈바르츠실트 반지름 너머부터 천체의 중심까지 사이에는 엄연히 공간이 존재하는데 중력이 무한대가 된다니, 이곳이 대체 어떤 곳일지가 궁금해지지 않을 수 없다.

물리학자들은 이를 어떻게 해석해야 할지, 이 지역에 어떤 물리적 의미를 부여해야 할지 난감해 했다. 아인슈타인의 일반상대성이론에 따르면 중력이 무한대가 되면 시공간의 휘어짐이 극에 달해야 한다. 이런 공간이 실재할 수 있을까?

에딩턴은 슈바르츠실트 반지름 너머의 공간을 탐구가 불가능한 요술 같은 구역이라 보고, '마법의 원(매직 서클magic circle)'이라 불렀다. 매직 서

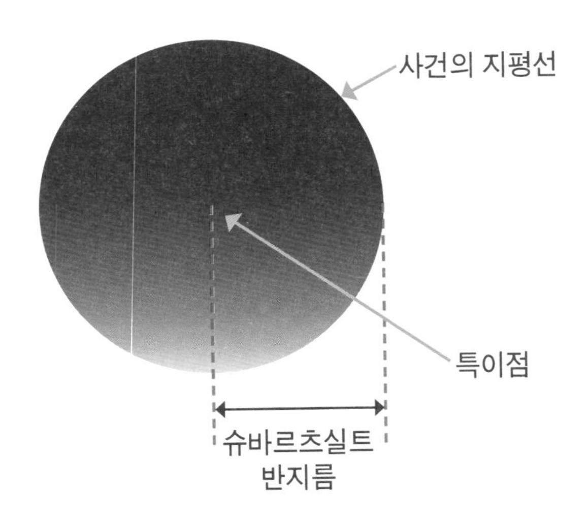

물체가 슈바르츠실트 반지름보다 작아지면 블랙홀이 된다. 어떤 입자나 빛도 슈바르츠실트 반지름이 형성하는 '매직 서클'을 벗어날 수 없으므로, 이 표면을 '사건의 지평선'이라고 한다.

클은 상식적인 판단과 논리가 먹히지 않는 영역이다. 모든 사건은 매직 서클 밖에서 끝나고, 매직 서클을 넘는 순간 사건은 사라져 버리고 만다. 슈바르츠실트 반지름을 경계로 사건의 존재와 비존재가 나누어지게 되는 것이다. 그래서 슈바르츠실트 반지름을 사건의 지평선(event horizon), 또는 사상事象의 지평선이라 부른다.

X선 탐지 인공위성

사건의 지평선을 갖는 천체는 대체 어떤 천체일까?

블랙홀의 존재 가능성은 이론적으로 의심의 여지가 없다. 그러니 찾아야 할 것이나, 찾는 것이 수월치 않다. 호킹(Stephen Hawking, 1942~2018)은 블랙홀 찾기의 어려움을 이렇게 표현했다.

지하 석탄 창고에서 검은 고양이를 찾는 것과 같다.

망원경으로 블랙홀을 찾을 수만 있다면 그보다 쉽고 좋은 방법이 없겠지만, 블랙홀은 가시광선뿐 아니라 자외선과 적외선도 내놓지 않아 광학현미경이나 자외선망원경, 적외선망원경도 무용지물이다.

그래서 천체물리학자들이 숙고해 내놓은 방법이 X선을 방출하는 천체를 찾는 것이다. 블랙홀이 있으면 주위 천체가 끌려들어 가면서 X선을 방사하게 되어 있기 때문이다.

X선을 방사하는 천체를 찾기 위해서는 X선만 측정할 수 있는 전문 인공위성이 절실했는데, 이 분야의 선구자인 자코니(Ricardo Giacconi, 1931~2018)는 이렇게 술회했다.

> 우리의 목표는 별이나 초신성 잔해에서 나오는 X선이었다. 시리우스나 게성운에서 나오는 X선이 우리의 진짜 목표였다. 우리가 이런 계획을 실천으로 옮기기 전까지 천체가 방출한 X선을 측정한 사람이나 연구진은 없었다. 천체물리학자로서 이건 도전해 볼 만한 충분한 가치가 있는 일이었다.

자코니는 X선 천체물리학의 선구적 기여를 인정받아 2002년 노벨 물리학상을 수상했다.

1970년 12월 12일, X선 탐지 인공위성 우후루(Uhuru)호가 아프리카 케냐의 산마르코(San Marco)에서 발사됐다. 우후루는 아프리카 콩고의 공

용어인 스와힐리어로 '자유'란 뜻이다.

우후루는 X선 천체물리학자들의 기대를 저버리지 않았다. 1년 남짓 활동하도록 설계했으나 3년간 임무를 충실히 수행했다. 우후루가 관측한 자료를 통해 수많은 천체를 새롭게 발견했고, 외부 은하에서 방출한 X선도 다수 검출했다. 과학사에서 하나의 실험장치가 이토록 광대한 자료를 건네준 적은 흔치 않았다.

백조자리는 블랙홀의 1순위 후보로 꼽혔다. 우후루의 자료가 없었더라면 백조자리 X-1(Cygnus X-1)의 분석도 불가능했다.

백조자리 X-1

백조자리에 강력한 X선 천체가 있다는 사실은 1965년부터 알려져 있었다. 하지만 당시는 이에 대한 광범위한 자료를 얻기 어려웠다. 주목할 만한 X선 천체로 관심은 적잖이 받았지만, 관측 결과가 충분치 않아 연구 진전이 없었다. 그러나 우후루를 발사하면서부터 사정이 달라졌다. 우후루는 백조자리 X-1의 궁금증을 빠르게 풀어 주었다.

백조자리 X-1은 강도를 달리하는 복사선을 빠르게 내놓고 있었다. 끊임없는 깜빡거림이 이어졌다. 펄사가 아닌가 하는 추측을 낳기도 했지만, 철저한 분석을 위해 강도 높은 세밀한 탐구가 진행됐다.

X선 천체물리학자들은 X선의 주기에 관심을 집중했다. 수개월의 꼼꼼한 자료 분석이 이어졌다. 백조자리 X-1이 내놓는 X선의 주기는 불규칙했다. 이는 이 천체가 중성자별이 아니라는 강력한 증거였다. 그렇다고 블랙홀이라 단정하기도 일렀다. 중성자별이나 블랙홀이 아니어도 X선을 내놓는 천체는 우주에 얼마든지 있다. 천체가 X선을 불규칙적으

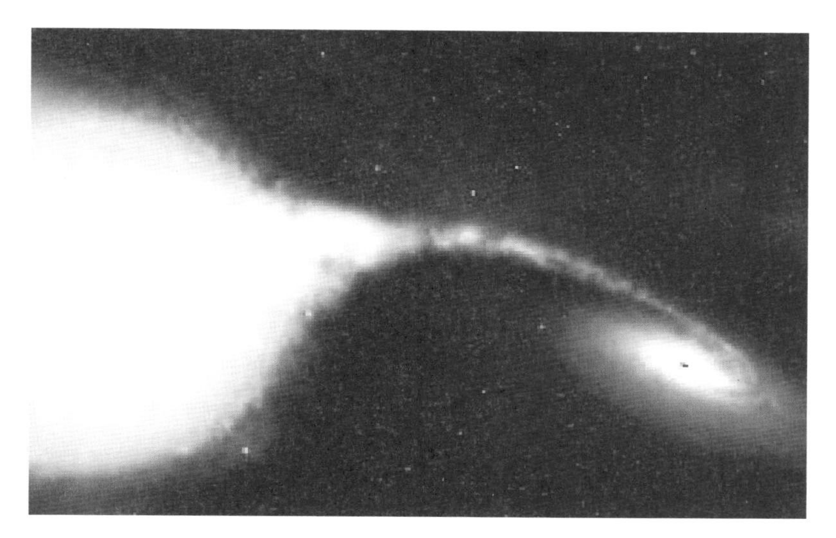
백조자리 X-1

로 내놓는다는 것은 블랙홀 검증 과정의 하나일 뿐이다. 어쨌든 백조자리 X-1은 첫 번째 관문은 통과한 셈이다.

두 번째 관문은 질량의 적정성이다. 오펜하이머와 제자들이 밝혔듯 중성자별은 태양의 3배 이상 무거울 수 없다. 그 이상은 중성자마저 부숴 버리는 무한붕괴로 이어지기 때문이다. X선을 방사하는 천체가 태양보다 5배 이상 무거우면 블랙홀이라는 확신을 가져도 좋다.

X선을 방사하는 천체의 질량은 이웃 별에서 얻은 자료로 추정할 수 있다. 백조자리 X-1의 이웃 별은 HDE 226868이다. HDE 226868의 질량은 태양의 20~30배가량으로 측정되었다. 5.6일의 공전 주기로 보이지 않는 천체의 둘레를 회전하고 있었다. 이 같은 자료로 보이지 않는 별,

즉 백조자리 X-1의 질량을 계산해 보았다. 태양의 다섯 배에서 여덟 배 가량 무겁다는 결론이 나왔다. 블랙홀일 가능성이 한층 높아진 셈이다.

백조자리 X-1이 블랙홀이 되기 위해선 하나의 관문을 더 통과해야 하는데, 감마선 포착이 그것이다.

중성자별이건 블랙홀이건 물질을 포획해 나선형으로 끌어당기는 건 다르지 않지만, 세기가 다르다. 마찰 효과에 차이가 나서다. 중성자별에서 방출할 수 있는 한계는 X선까지이지만, 블랙홀은 그 이상이 가능해서 X선보다 파장이 훨씬 짧은 감마선을 내놓는다.

감마선 포착은 우후루 이후의 몫이었다. 1977년부터 1979년 사이에 세 대의 관측 인공위성을 쏘아 올렸다. 이 인공위성들을 고에너지 천체 물리학 관측대(High Energy Astrophysical Observatories, HEAOs)라고 부르는데, 두 번째 것은 아인슈타인 탄생 100주년인 1978년에 발사했다고 해서 아인슈타인 관측대라고 부른다.

백조자리 X-1에서 감마선을 포착한 것은 관측대 3호였다. 1988년 초 미국 캘리포니아 패서디나(Pasadena)의 천체 물리학자들이 이를 발표했다.

> 백조자리 X-1에서 감마선이 나오는 곳은 480여 킬로미터 내외인 것으로 계산되었다. 이 근방엔 수십억℃까지 온도가 상승한 기체가 있는 것으로 추정되었다. 이 상태에선 전자와 양전자가 생성 소멸하는 과정이 빈번히 일어나는데, 이때 감마선이 나온다.

이로써 백조자리 X-1은 블랙홀로 인정받게 되었다.

제6장

인공 비료와 페니실린

20세기 현대과학이 인간에게 준 선물 가운데 가장 피부에 와닿는 것 중 하나는 평균 수명의 연장일 것이다. 그리고 이것의 최대 공로자는 인공 비료와 페니실린이라 감히 말할 수 있다.

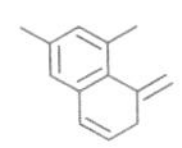

(왼쪽) 프리츠 하버(Fritz Haber, 1868~1934)
(오른쪽) 앨리그잰더 플레밍(Alexander Fleming, 1881~1955)

1. 식량 문제를 해결하다

비료와 질소

19세기 말 세계 인구는 빠른 속도로 늘어났다. 문제는 먹거리였다. 인구는 나날이 증가하는데, 경작 가능한 토지는 절대적으로 부족했다. 식량 문제 해결을 위한 고민이 시작될 수밖에 없었다.

한정된 토지에서 가능한 많은 농작물을 거두어들여야 한다. 그러자면 비료를 넉넉히 주어야 한다. 어떻게 하면 비료를 충분히 얻을 수 있을까?

당시 비료라고 하면 퇴비와 분뇨 같은 천연 비료가 전부였다. 천연 비료는 양이 한정돼 있다. 그렇다면 인공 비료를 만들 수밖에 없다. 이것은 질소와 떼려야 뗄 수 없는 관계에 있다.

식물을 구성하는 필수 원소는 탄소, 산소, 수소, 질소이다. 이들이 결합해서 탄수화물, 단백질, 지방 같은 물질을 만든다. 식물은 광합성 작용으로 탄소와 산소를 얻고, 뿌리에서 흡수한 물로부터 산소와 수소를 얻는다. 그러나 식물이 제대로 성장하려면 질소가 절대적인데, 식물은 광합성 작용으로도 뿌리로도 질소를 얻지 못한다.

우리 선조들은 이를 경험적으로 알고 있었고, 퇴비와 분뇨를 뿌려 주면 이 문제를 깔끔히 해결할 수 있다는 사실을 경험적으로 터득하고 있었다. 문제는 천연 비료의 양이 충분치 않다는 것이었다. 질소를 넉넉히 공급해 줄 수 있어야 벼와 보리와 밀 같은 작물을 충분히 농작해서 나날이 증가하는 인구를 먹여 살릴 수가 있을 텐데, 천연 비료만으론 가능하질 않으니 어떡해든 방안을 강구해야 했다.

질소를 어디서 충분히 얻을 수 있을까?

이 고민의 답은 대기 중의 질소가 쥐고 있었다.

하버와 질소 비료

지구의 대기는 몇 가지 기체의 혼합물이다. 대기에는 질소, 산소, 이산화탄소, 수소 같은 여러 기체가 섞여 있다. 이 중 80퍼센트 가까이가 질소다. 공기 입자 10개 가운데 8개가량이 질소인 셈이다. 대기 중에 퍼져 있는 질소를 끄집어내서 농작물에 제공할 수 있는 방법을 발견하면 식량 위기를 해결할 수 있을 것이다.

대기 중의 질소는 단단히 결합해 있다. 이것이 식물이 대기 중의 질소를 끌어들이지 못하는 주된 이유이다. 식물이 대기 중의 질소를 끌어들이려면 '질소 고정'을 해야 한다. 질소 고정이란 질소를 다른 물질과 화합시키는 것인데, 대표적인 방법이 암모니아 화합물 형태로 바꾸는 것이다.

질소 고정은 두 가지 방법으로 가능하다. 하나는 콩과科 식물의 뿌리에 기생하는 뿌리혹박테리아 같은 미생물이 도와주는 것이고, 다른 하나는 화학 법칙을 이용하는 것이다. 이 중에서 질소를 대량으로 생산할 수 있는 방법은 화학 법칙을 이용하는 것이다.

공기 중의 질소를 암모니아 화합물 형태로 만들려면 단단히 묶인 질소 분자를 떨어뜨려 놓아야 한다. 이는 온도를 높이면 된다. 온도가 상승하면 기체의 운동 에너지가 증가하고 기체의 충돌 횟수가 증가해서 화학 결합이 끊어질 가능성이 높아지기 때문이다. 떨어진 질소를 수소 원

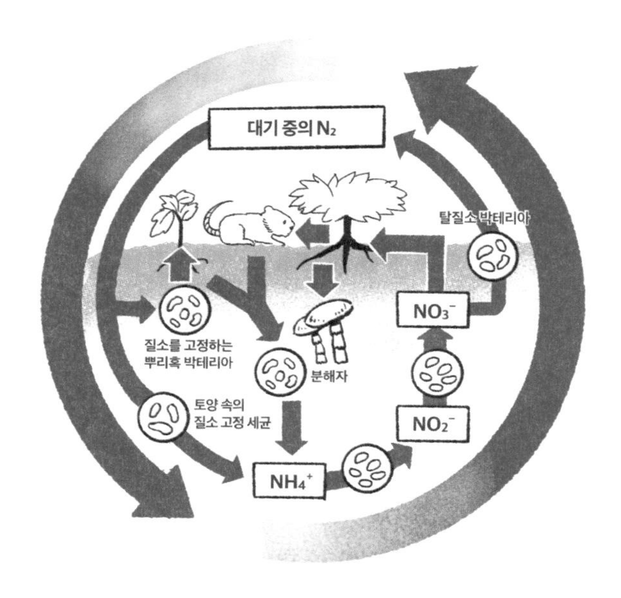

자와 융합시키는 화학 반응도 온도를 높이면 된다.

문제는 그다음이다. 질소와 산소를 혼합하고 온도를 높이면 암모니아가 생기지만, 그 역반응도 함께 이루어지게 된다. 암모니아가 질소와 산소로 분해되는 역반응이 함께 일어나는 것이다. 이를 피하기 위해서 온도를 낮출 수는 없다. 암모니아 생성 비율이 낮아지기 때문이다. 이는 비료를 대량 생산하지 않겠다는 뜻이나 마찬가지이다.

이 난관을 독일의 화학자 프리츠 하버(Fritz Haber, 1868~1934)가 해결했다. 하버는 유기화학으로 박사학위를 받았으나, 물리학 이론인 열역학과 에너지 이론에 관심이 많았다. 하버가 고심 끝에 내놓은 해결책은 촉매를 사용하고 압력을 높이는 방법이었다. 촉매는 화학 반응이 잘 이루어지도록 도와주는 물질이다. 하버가 선택한 촉매는 오스뮴이었다. 뜨거운 질소와 수소에 오스뮴을 넣고 높은 압력을 가했더니 다량의 암모니아를 얻을 수 있었다. 화학 반응에 물리학 이론을 접목시키는 새로운 방법으로 암모니아를 합성하는 데 성공한 것이다.

이제 해야 할 일은 실험실 수준의 역량을 끌어올려 질소를 대량 생산하는 것이었다. 세계적인 화학 회사인 바스프(BASF)사가 이 일에 적극적으로 돈을 댔고, 1913년 9월 질소 비료를 대량 생산하는 데 성공했다. 하루 생산 규모는 20톤가량이었다.

이렇게 해서 인류는 자칫 식량 위기에 빠질 뻔했던 고비를 무사히 넘기며 식량 문제를 해결할 수 있게 되었다. 하버는 이 공로를 인정받아 1918년 노벨 화학상을 수상했고, 물리화학의 거장이 되었다.

2. 질병 퇴치의 꿈을 이루다

플레밍과 페니실린

1928년 플레밍(Alexander Fleming, 1881~1955)은 각종 축하 전보와 축하 인사를 받느라 정신이 없었다. 플레밍은 굳게 다짐했다.

'한층 성숙한 업적을 내놓으라는 격려로 받아들여야 한다.'

플레밍은 포도상구균을 비롯한 다양한 박테리아를 연구 중이었다.

박테리아는 생명체에 기생해 발효와 부패를 일으키는 미생물로 흔히 세균이라고 부르는 것이다. 박테리아는 모양에 따라 구형의 구균(폐렴균), 막대형의 간상균(대장균, 결핵균), 나선형의 나선균(콜레라균) 등이 있다. 그리고 구균은 배열 형태에 따라 두 개가 붙은 쌍구균, 여러 개가 연이어 있는 연쇄상구균, 다수가 포도송이처럼 뭉친 포도상구균이 있다. 포도상구균은 종기로 성장하는 화농균의 대표적인 병원체로, 중이염과 폐렴을 일으키며 때로는 패혈증의 원인이 된다.

플레밍은 환자의 종기에서 뽑은 포도상구균을 접시에 배양했다. 그리고는 배양 접시를 실험실 한쪽에 놓아두고 여름휴가를 떠났다.

휴가에서 돌아온 플레밍은 배양 접시를 보고 깜짝 놀랐다. 포도상구균 사이사이에 푸릇푸릇한 곰팡이가 자라 있었다.

'불순물이 과다하게 섞였네. 다른 접시까지 오염시킬 수가 있겠는걸.'

플레밍은 쓰레기통을 찾았다. 하지만 운명의 여신은 플레밍의 행동이 그 이상 나아가지 않도록 했다. 그동안 플레밍은 배양 접시를 다시 바라보았다.

'이상하다? 왜 이런 현상이 일어난 거지?'

플레밍은 곰곰이 생각에 잠겼다.

"그렇구나. 휴가를 떠나면서 배양 접시의 뚜껑을 닫지 않았지. 그래서 곰팡이가 생긴 것이구나."

플레밍은 푸른곰팡이가 핀 곳을 자세히 들여다보았다. 박테리아가 죽어 가고 있거나 사라져 버리고 없었다. 반면, 푸른곰팡이가 자라진 않은 곳에선 박테리아가 아주 생기 있었다.

"어떻게 된 거지? 푸른곰팡이가 살균력을 갖고 있다는 건가?"

플레밍은 푸른곰팡이가 핀 접시를 사진 찍어서 여러 전문가들에게 보여 주었다. 반응은 시베리아의 냉기류처럼 서늘했다.

"가치 없는 지저분한 곰팡이일 뿐입니다."

플레밍은 낙담했다. 하지만 마냥 실의에 빠져 있을 수만은 없었다. 팔을 걷어붙이고 실험실로 향했다. 푸른곰팡이 일부를 떼어 내 다른 배양 용기에 옮겼다. 푸른곰팡이가 어느 정도 풍성해지자 디프테리아균, 포도상구균, 구균 같은 여러 세균들을 넣어 보았다. 푸른곰팡이가 병원균을 물리치는 효과는 믿지 못할 만큼 놀라웠다.

"이런 기막힌 효능이…. 하느님, 감사합니다."

플레밍은 푸른곰팡이가 지니고 있는 항박테리아성 물질을 페니실린이라 불렀다.

아무도 알아주지 않은 효능

플레밍은 임상 시험을 계획했다. 페니실린을 인체에 투여하기에 앞서 동물 실험을 하는 것은 당연한 과정이요 수순이었다. 플레밍은 쥐와 토끼에 페니실린을 주사했고, 동물 실험 결과는 만족스러웠다.

다음은 인체에 페니실린을 투여해 봤다. 코에 생긴 염증은 별다른 부작용 없이 가라앉았고, 곰팡이에 감염된 눈은 특이한 거부반응 없이 씻은 듯이 나았으며, 백혈구에 악영향을 끼치지도 않았다. 플레밍은 이런 실험 결과를 바탕으로 자신에 찬 결론을 내렸다.

"페니실린은 피부에 생긴 상처에 유용하게 사용할 수 있는 안전한 살균제이다."

그리고 생각을 이었다.

"푸른곰팡이에서 순도 높은 페니실린을 얻을 수 있다면 인체 치유력을 한층 높일 수 있을 것이다."

플레밍은 고순도의 페니실린을 다량 확보하기 위해 부단한 노력을 기울였다. 그러나 생각처럼 쉬운 일이 아니었다. 기술력도 모자랐고, 자금 사정도 빠듯했다. 꿈은 현실의 높고 두꺼운 벽 앞에 가로막혔다.

1929년 "곰팡이 배양물이 세포에 작용하는 특성, 병원균의 분리와 이용에 대해"라는 내용의 역사적인 논문이 세상에 나왔다. 하지만 안타깝게도 학자들의 이목을 끄는 데는 실패했다.

"그 사람, 푸른곰팡이에 미쳤더라고."

"불결한 곰팡이에 죽자 사자 매달리는 이유가 뭔지 도통 모르겠어."

혁명적인 실험 결과를 내놓은 학자를 미친 사람 취급했으니, 페니실린 연구가 침체기에 빠졌으리란 건 삼척동자도 알 일이다. 그랬다. 푸른곰팡이는 쓰레기로 폐기처분되었고, 페니실린은 그렇게 쓸쓸히 잊혔다.

페니실린의 부활

플로리(Howard Florey, 1898~1968)와 체인(Ernst Chain, 1906~1979)은 항박테리아성 물질과 관련된 자료를 뒤적이고 있었다. 그들의 눈에 플레밍이 발표한 페니실린에 관한 논문이 들어왔다. 논문을 읽은 그들의 가슴은 뛰었다.

"나는 페니실린을 집중적으로 연구하겠다고 결심했네. 자네는 어떤가?"

플로리가 체인을 바라보았다.

"동감이네."

플로리와 체인은 고순도 페니실린을 얻는 데 모든 역량을 쏟아부었다. 그러나 자금이 걸림돌이었다. 대학에서 지원해 주는 연구비로는 감당하기 힘들었다. 충분한 재정적 뒷받침이 절실했다.

플로리와 체인은 영국의 몇몇 재단에 긴급지원을 요청했다. 영국의 재단들은 미동도 하지 않았다. 페니실린의 미래에 대해 확신이 없었던 데다가, 명성도 없는 젊은 연구자들에게 거액을 기꺼이 투자할 수는 없었기 때문이다.

플로리와 체인은 대서양 너머의 신대륙으로 눈을 돌렸다. 미국의 대자본가인 록펠러(John Davison Rockefeller, 1839~1937)가 세운 록펠러 재단에 자금을 요청했고, 재단은 제안을 기꺼이 받아 주었다. 연구비 걱정에서 벗어난 플로리와 체인은 연구에 매진했고, 고순도 페니실린을 얻는 데 성공했다.

1940년 5월, 플로리와 체인은 페니실린 연구의 대미를 장식할 실험에 착수했다. 8마리의 생쥐에 치사량의 박테리아를 주사했다. 그리고 그중 4마리에겐 페니실린을 함께 주사했다.

플로리와 체인은 초조하게 결과를 기다렸다. 새벽 3시 30분께 1차 결과가 나왔다. 페니실린을 투여하지 않은 생쥐 4마리는 모두 숨을 거두었다. 반면, 페니실린을 투여한 생쥐 4마리는 살아 있었다.

"우리는 인류 질병사에 길이 남을 수 있는 결과를 만들어 가고 있다고 보네. 하지만 너무 흥분하지 말도록 하세. 지금은 섣부른 흥에 도취돼 논리적 사고와 이성적 두뇌를 놓아 버려선 안 된다고 보네. 진지하게 임하는 자세가 그 어느 때보다 절실하다고 보네."

플로리가 체인에게 고개를 돌렸다.

"나도 같은 생각이네. 생쥐들이 내일 아침까지도 죽지 않을지 관심 있게 지켜보자고. 흥분은 그때 가서 해도 늦지 않을 테니까."

아침이 밝았다. 밤을 꼬박 새웠건만 역사적 순간을 놓치고 싶지 않은 플로리와 체인의 눈동자는 말똥말똥했다.

생쥐 4마리는 여전히 생기에 차 있었다.

"우리가 기적을 일궈 냈네!"

플로리의 입술은 떨리고 있었다.

2차대전 부상병들을 살리다

동물 실험을 만족스럽게 마쳤으니 이젠 인체 실험 차례다.

페니실린을 인체에 투여하기에 앞서 해결해야 할 문제가 있었다. 데이터가 풍부할수록 효능과 부작용을 검증하기 쉽다. 그러자면 다수에게 투여해야 하니, 많은 양의 페니실린이 필요했다. 플로리와 체인은 이것을 걱정하지 않았다. 동물 실험을 성공리에 마쳤으니 유수의 제약 회사들이 달려들어 이 문제를 해결해 줄 거라 보았기 때문이다. 하지만 예상은 빛나갔다. 제약 회사의 관심은 없었다.

플로리와 체인은 몇몇 지인이 후원한 연구비로 실험실에서 페니실린을 생산하기로 했고, 우여곡절 끝에 환자 몇 명에게 투여할 수 있는 양을 얻었다.

세균에 감염돼 치료가 불가능한 환자에게 페니실린을 주사했다. 동물실험 때처럼 좋은 결과가 나올 거라 믿었지만, 아니었다. 환자는 얼마 지나지 않아서 심한 고열과 오한 증세를 보였다.

"왜 이런 결과가 나온 거지?"

원인은 페니실린에 불순물이 미미하게 들어간 탓이었다.

플로리와 체인은 부랴부랴 불순물 제거 작업에 들어갔고, 불순물을 제거한 페니실린을 환자에게 다시 주사했다. 성공이었다. 페니실린의 효능이 입증되었고, 인간이 박테리아 감염에서 해방될 수 있는 서광이 보이기 시작했다.

플로리와 체인은 다시 몇몇 환자에게 페니실린을 투여했다. 장미 덤불에 긁혀서 입가에 생긴 작은 상처가 얼굴 전체로 퍼져서 한쪽 안구를 제거한 환자, 세균에 등이 심하게 감염돼서 치료가 불가능한 환자, 이름 모를 질병으로 생명을 위협받기에 이른 생후 6개월의 아기 등에게 페니실린을 투여했다. 모두 기적처럼 살아났다. 페니실린의 탁월한 성능과 효능이 확실하게 입증된 것이었다.

당시는 제2차 세계대전이 벌어지고 있는 중이어서 박테리아에 감염된 부상병들이 나날이 속출하고 있었다. 페니실린을 신속히 공급한다면 그들의 생명을 구할 수 있을 것이다. 페니실린 생산의 대규모 확장이 절실했다. 플로리와 체인은 산업체로 눈을 돌렸다. 하지만 영국의 산업계는 여전히 미더워 하지 않는 반응이었다. 인체를 박테리아 감염에서 해방시킬 수 있는 명백한 증거를 제시했는데도 말이다.

1941년 플로리와 체인은 미국으로 건너갔다. 미국은 영국과는 달리 페니실린의 유용성을 즉각 간파했다. 페니실린의 대량 생산에 즉각 들어갔고 이내 성공했다. 페니실린은 전쟁 부상자들을 치료하는 데 혁혁한 공을 세웠다(처칠 영국 총리의 폐렴을 페니실린으로 치료했다는 얘긴 사실이 아니다). 플레밍과 플로리와 체인은 1945년 노벨 생리의학상을 공동수상했다.

쓰고 나서

21세기는 통합과학의 시대

20세기 전까지, 에너지가 불연속적 특성을 보일 거라고 본 학자는 없었다. 그런데 원자 속 세상으로 들어가자 불연속적 특성은 비단 에너지에서만 나타나는 것이 아니었다. 원자 내부의 세계에서 불연속적 특성은 자연스러운 것이었다. 이를 설명하기 위해 필연적으로 등장한 이론이 양자론이다.

양자론은 과학적 통념을 뿌리채 흔들었다. 예를 들어 과학적 통념은 "입자면 입자이고, 파동이면 파동이어야 한다"고 주장했다. 반면 양자론은 "입자는 파동이기도 하고, 파동은 입자이기도 하다"라며 입자와 파동의 이중성을 주장했다. 또한 과학적 통념은 "존재하면 존재하는 것이고, 사라지면 사라진 것이다"라며 존재와 사라짐을 명확히 구분했다. 반면 양자론은 "존재하다가 사라지기도 하고, 사라졌다가 나타나기도 한다"라며 쌍생성과 쌍소멸은 자연스럽다고 주장했다.

이러한 예에서 볼 수 있듯, 양자론은 받아들이기 어려운 이론이다. 하지만 역설적이게도 양자론만큼 자연 현상을 명확하게 설명하는 이론도 없다. 이 세상에서 가장 정확한 이론이 양자론이고, 가장 성공한 이론이 양자론인 것이다.

우리는 양자론의 혜택을 톡톡히 누리고 있다. 반도체, 자기 부상 열차, 위성 항법 장치(GPS), 자기 공명 영상(MRI), PET(positron emission tomography, 양전자 방출 단층 촬영) 등 첨단 전자 문명의 이기들은 거의 전부 양자론의 산물이라고 해도 과언이 아닐 정도이다.

이러한 이론을 과학계가 그냥 이론으로 놔둘 리 없다. 화학은 물질 구조를 심도 있게 파악하기 위해서 양자론의 힘을 빌렸다. 이로부터 탄생한 학문이 '원자 궤도 함수'와 '오비탈'이라는 개념으로 무장한 양자화학이다.

정신과 관련된 분야는 아직도 미지의 영역이나 마찬가지다. 정신의 비밀을 밝히는 데 양자론의 다음과 같은 원리들이 기여할 수 있을 거라 보는 학자들이 늘고 있다.

원거리에서도 즉각 정보를 주고받을 수 있다.
두 가지 상태로 동시에 존재한다.
여러 공간에 동시에 존재한다.
벽을 가볍게 뚫고 지나간다.

이로부터 생겨난 학문이 양자생물학이다.

양자론은 우주 탄생의 베일을 벗기는 데도 없어선 안 되는 이론이다. 우주는 한 개의 점이나 다름없는 입자가 대폭발하며 탄생했고, 이때 원자를 구성하는 미립자인 소립자들이 무수히 생겨났다. 이러한 입자들의 특성을 명징하게 규명할 수 있는 최적의 이론이 양자론이다.

나아가 학자들은 양자론과 상대성이론을 합쳐 모든 것의 이론, 즉 '만물의 이론'을 완성하려 하고 있다.

양자화학, 양자생물학, 우주 탄생의 비밀, 만물의 이론 등에서 보듯 21세기는 과학들의 통섭이 이루어지는 통합과학의 시대다.

참고 자료

곽영직, 『양자역학의 세계』, 동녘, 2008.

남순건, 『스트링 코스모스』, 지호, 2007.

다이애나 프레스턴, 류운 옮김, 『원자폭탄: 그 빗나간 열정의 역사』, 뿌리와이파리, 2006.

다케우치 가오루, 김재호·이문숙 옮김, 『한 권으로 충분한 양자론』, 전나무숲, 2010.

댄 쿠퍼 지음, 승영조 옮김, 『현대물리학과 페르미』, 바다출판사, 2002.

데니스 브라이언, 승영조 옮김, 『아인슈타인 평전』, 북폴리오, 2004.

데이브 골드버그, 박병철 옮김, 『백미러 속의 우주』, 해나무, 2015.

데이비드 린들리, 박배식 옮김, 『불확정성』, 씨스테마, 2009.

데이비드 보더니스, 김민희 옮김, 『$E=mc^2$』, 생각의나무, 2001.

레오나르드 믈로디노프, 전대호 옮김, 『위대한 설계, 스티븐 호킹』, 까치, 2010.

로이 포터 엮음, 조숙경 옮김, 『2500년 과학사를 움직인 인물들』, 창비, 2006.
루이자 길더, 노태복 옮김, 『얽힘』, 부키, 2012.
리처드 고트, 박영구 옮김, 『아인슈타인 우주로의 시간여행』, 한승, 2003.
리처드 로즈, 문신행 옮김, 『원자폭탄 만들기 1·2』, 사이언스북스, 2003.
리처드 파인만, 박병철 옮김, 『일반인을 위한 파인만의 QED 강의』, 승산, 2004.
브라이언 그린, 박병철 옮김, 『엘러건트 유니버스』, 승산, 2003.
브라이언 그린, 박병철 옮김, 『우주의 구조』, 승산, 2005.
스티브 셰인킨, 신근영 외 옮김, 『원자폭탄』, 작은길, 2014.
스티븐 워커, 권기대 옮김, 『카운트다운 히로시마』, 황금가지, 2005.
스티븐 호킹, 김동광 옮김, 『그림으로 보는 시간의 역사』, 확대개정판, 까치, 2015.
『아인슈타인의 학창 시절과 박사학위논문』, 한국물리학회, 2021.
에른스트 페터 피셔, 이미선 옮김, 『막스 플랑크 평전』, 김영사, 2010.
에릭 뉴트, 이민용 옮김, 『쉽고 재미있는 과학의 역사』, 이끌리오, 2007.
우종학, 『블랙홀 교향곡』, 동녘사이언스, 2012.
월터 아이작슨, 이덕환 옮김, 『아인슈타인: 삶과 우주』, 까치, 2007.
위르겐 타이히만, 유영미 옮김, 『청소년을 위한 과학사 이야기』, 웅진지식하우스, 2008.
윌리엄 크로퍼, 김희봉 외 옮김, 『위대한 물리학자 4~6』, 사이언스북스, 2007.
이순칠, 『보이지 않는 것들의 물리학』, 해나무, 2015.
이종필, 『신의 입자를 찾아서』, 마티, 2015.
이호중, 『신과학사』, 북스힐, 2007.
임경순·정원, 『과학사의 이해』, 다산출판사, 2015.

장상현, 『양자물리학은 신의 주사위 놀이인가』, 컬처룩, 2014.
장회익 외, 『현대과학혁명의 선구자들(신과학총서 60)』, 범양사, 2002.
정규성, 『원자, 작지만 위대한 발견들』, 에피소드, 2003.
제러미 번스틴, 서창렬 옮김, 『아인슈타인』, 시공사, 2003.
제레미 번스타인, 유인선 옮김, 『오펜하이머』, 모티브, 2005.
존 그리빈, 강윤재 · 김옥진 옮김, 『사람이 알아야 할 모든 것: 과학』, 들녘, 2007.
존 파먼, 이충호 · 채돈묵 옮김, 『놀랄 만큼 간단한 과학의 역사』, 사계절, 2004.
존 R. 테일러 외, 강희재 외 옮김, 『현대물리학』, 교보문고, 2005.
존 S. 리그던, 박병철 옮김, 『수소로 읽는 현대 과학사: 소립자에서 빅뱅까지』, 알마, 2007.
존 S. 릭던, 임영록 옮김, 『1905 아인슈타인에게 무슨 일이 일어났나』, 랜덤하우스중앙, 2006.
짐 배것, 박병철 옮김, 『퀀텀스토리』, 반니, 2014.
차동우, 『상대성이론』, 북스힐, 2008.
케네스 W. 포드, 김명남 옮김, 『양자세계 여행자를 위한 안내서』, 바다출판사, 2008.
킵 S. 손, 박일호 옮김, 『블랙홀과 시간굴절』, 이지북, 2005.
프레드 제롬, 강경신 옮김, 『아인슈타인 파일』, 이제이북스, 2003.
J. P. 메키보이, 이충호 옮김, 『양자론(하룻밤의 지식여행 2)』, 김영사, 2001.
『Newton HIGHLIGHT 상대성이론』, 뉴턴코리아, 2006.
『Newton HIGHLIGHT 양자론』, 뉴턴코리아, 2006.
Spencer R. Weart & Melba Phillips, 김제완 역, 『인물로 본 현대물리학사』, 일진사, 2002.

Eisberg, Robert and Robert Resnick, *Quantum Physics*, 2nd ed., John Wiley and Sons, 1985

Misner, Charles W., Kip S. Thorne and John Archibald Wheeler, *Gravitation*, Freeman and Company, 1973.

Weinberg, Steven, *Gravitation and Cosmology: Principles and Applications of the General Theory of Relativity*, John Wiley & Sons, 1972.

britannica.com

wikipedia.org

가장 작은 것부터 가장 먼 곳까지

현대과학 이야기

펴낸날 초판 1쇄 2022년 9월 28일

지은이 송은영
펴낸이 심만수
펴낸곳 (주)살림출판사
출판등록 1989년 11월 1일 제9-210호

주소 경기도 파주시 광인사길 30
전화 031-955-1350 팩스 031-624-1356
홈페이지 http://www.sallimbooks.com
이메일 book@sallimbooks.com

ISBN 978-89-522-4688-2 03400

※ 값은 뒤표지에 있습니다.
※ 잘못 만들어진 책은 구입하신 서점에서 바꾸어 드립니다.